中国城市规划设计研究院学术研究成果
中规院（北京）规划设计有限公司学术研究成果

U0192299

变革与创新

生态·韧性·低碳

Ecology
Resilience
Low Carbon

中规院（北京）规划设计有限公司优秀规划设计作品集 III

中规院（北京）规划设计有限公司 编著

中国建筑工业出版社

图书在版编目（CIP）数据

变革与创新：中规院（北京）规划设计有限公司优
秀规划设计作品集. Ⅲ / 中规院（北京）规划设计有限公
司编著. —北京：中国建筑工业出版社，2023.9
　　ISBN 978-7-112-29128-1

Ⅰ.①变… Ⅱ.①中… Ⅲ.①城市规划—建筑设计—
作品集—中国—现代 Ⅳ.①TU984.2

中国国家版本馆CIP数据核字（2023）第172194号

责任编辑：刘　丹
版式设计：锋尚设计
责任校对：张　颖

变革与创新

中规院（北京）规划设计有限公司优秀规划设计作品集 Ⅲ
中规院（北京）规划设计有限公司　编著
*
中国建筑工业出版社出版、发行（北京海淀三里河路9号）
各地新华书店、建筑书店经销
北京锋尚制版有限公司制版
北京富诚彩色印刷有限公司印刷
*
开本：965毫米×1270毫米　1/16　印张：13　字数：329千字
2023年11月第一版　　2023年11月第一次印刷
定价：**168.00**元
ISBN 978-7-112-29128-1
　　　（41674）

本书编委会

主　　任：张　全

副 主 任：朱　波　李　利　刘继华　王佳文

委　　员：王家卓　黄继军　黄少宏　吕红亮　任希岩

参编人员（按姓氏笔画为序）：

于德淼　王　欣　王　晨　刘　荆　刘冠琦　刘雪源

孙学良　孙道成　李　爽　李文杰　李智旭　杜　锐

邹　亮　沈哲焱　张中秀　张春洋　罗兴华　胡　希

胡应均　胡耀文　栗玉鸿　郭诗洁　涂　欣　寇永霞

鲁孟超　熊　林　魏保军

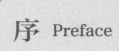

序 Preface

过去几十年，我国经历了经济的快速崛起和世界历史上规模最大、速度最快的城镇化进程，形成了全球最大的城市体系。然而，城市的快速扩张破坏了自然原有的平衡，使我们付出了牺牲生态环境的代价，给城市建设和生产生活带来了诸多矛盾与挑战。我们逐渐认识到，城市与自然是一个生命共同体，城市的发展离不开良好的生态环境和舒适的人居环境。在推动经济发展的同时，如何更好地保护生态环境、创造更好的人居环境以满足人民群众对美好生活的向往，已成为我们必须面对和解决的难题之一。

党的十八大以来，以习近平同志为核心的党中央针对城市工作作出一系列重大战略部署，把生态文明建设纳入"五位一体"总体布局，提出绿色发展的新理念，坚持人与自然和谐共生，坚持统筹发展与安全。保护良好的生态环境，守住城市的安全底线，是发展所需、群众所盼、责任所系；而实现"人与自然共生"是建设生态文明的重大任务和伟大工程，是中华民族永续发展的千年大计。

站在新时代的今天，作为城市筑梦者、美化师，城市规划设计师要始终胸怀"国之大者"，持续绿色发展理念，尊重客观科学规律，把正城市发展方向，优化生态环境保护措施，健全城市安全韧性体系，厚植绿色生态优势，着力改善人居环境品质，探索出一条绿色、包容、创新的中国式城市现代化道路，确保我们的生态环境可持续发展与经济社会高质量发展相得益彰。

中规院（北京）规划设计有限公司一直专注于宜居、韧性、绿色城市的规划设计工作，本作品集汇编了该公司近几年在横跨我国东西南北不同城市的20个优秀作品，分析全面、思路清晰、内容翔实、亮点突出，是我国在生态文明建设道路上生动的实践和探索。

在这个充满挑战变化、也充满希望未来的时代中，城市规划建设要承前启后、博采众长，坚持绿色发展毫不动摇，不断探索人与自然和谐共生、生态经济协调高效的高质量发展模式。我相信本书能为今后夯实城市生态本底、守住城市安全底线、改善人居环境品质、促进经济社会发展全面绿色转型提供思路和借鉴。只要我们矢志不渝、同心合力，终将迈向"青山绿水映白云，自然天地共长存"的美丽未来！

中国工程院院士
流域水循环模拟与调控国家重点实验室主任
中国水利水电科学研究院水资源所名誉所长

目录 Contents

序

Preface

导言

生态文明建设是实现中华民族永续发展的根本大计，是作为"五位一体"总体布局的重要组成部分，承担着实现建设美丽中国的重任。

党的十八大以来，习近平总书记多次强调"山水林田湖草沙是一个生命共同体""用途管制和生态修复必须遵循自然规律"等理念，积极探索统筹山水林田湖草沙一体化保护和修复工程。党的二十大报告指出，大自然是人类赖以生存发展的基本条件，尊重自然、顺应自然、保护自然是全面建设社会主义现代化国家的内在要求，人与自然和谐共生是中国式现代化的本质要求之一。这一系列重要论述强调了生态系统保护与修复工作对推动绿色发展、建设生态文明、提升人民福祉具有重大意义。

生态保护修复是守住自然生态安全边界、促进自然生态系统质量整体改善的重要保障。当下，在我国经济快速增长的同时，长期高强度的生态资源开发利用导致生态系统遭到破坏，出现生态失衡现象，虽然涌现了较多生态保护与修复的技术理论和研究案例，但实际工作中仍存在系统研究不足、技术支撑薄弱、工程措施粗暴等问题，亟待重新审视保护与发展的关系。进入新发展阶段，我们应遵循自然生态系统演替规律，采取保护优先以及自然恢复为主、人工修复为辅的策略，协调人地关系，保护生境脆弱的自然区域，恢复与重建在自然突变和人类活动影响下受到破坏的自然生态系统，使其逐步恢复并向良性循环方向发展，从而提升生态系统多样性与稳定性，实现人与自然和谐共生。

近年来，中规院（北京）规划设计有限公司承接了较多江河湖库的生态保护与修复工作，始终站在人与自然生命共同体的高度，在流域综合治理、塌陷地治理、河湖湿地生态修复、蓝绿系统搭建等方面积极探索生态保护与修复路径，并结合当代科学技术和社会文化需求进行合理的人工干预。例如，从统筹"山水林田湖草生命共同体"保护和修复的角度出发，解决济宁塌陷地生态修复和空间治理等方面的问题；通过建立"规划区—重点区"两区域、多级、多类型圈层式空间管控体系，打造漳泽湖"河湖健康、水城共融"的生态共享空间等。这一系列项目实践均通过生态保护与修复，提升了区域安全韧性，发挥了生态系统服务价值，成为转型为区域发展的绿色引擎。

生态系统保护与修复将在区域生态空间规模拓展、结构优化、质量提升中发挥重要作用，使生态系统维持一种良性、动态、可持续的平衡状态，以达到"天地位焉，万物育焉"的效果。本篇精选了5个项目与同仁分享，期望在未来实践中不断探索总结，共同推进生态保护与修复工作，实现生态环境保护和经济发展共赢。

|第一篇|

生态系统保护与修复

Ecological Protection and Restoration

01 永定河综合治理与生态修复实施方案
Implementation Plan for Comprehensive Improvement and Ecological Restoration of Yongding River

▍项目信息

项目类型：专项规划

项目地点：永定河流域，主要包括北京、天津、廊坊、张家口、大同、
朔州6个城市

项目规模：永定河流域范围，约4.7万km²

完成时间：2020年12月

委托单位：永定河流域投资有限公司

获奖情况：2021年度中国城市规划协会优秀城市规划设计奖二等奖
2021年度北京市优秀城乡规划一等奖

项目主要完成人员

项目总负责：张全　王佳文

主 管 总 工：尹强　黄继军

技术负责人：李铭

项目负责人：黄少宏　徐有钢

主要参加人：刘颖慧　刘雪源　武旭阳　王玉圳　高文龙　谢骞　陈笑凯
黄蓉

执 笔 人：刘雪源　武旭阳

永定河流域示意图
Yongding River Basin

▍项目简介

为贯彻落实国家关于永定河综合治理与生态修复战略意图及总体方案，推进永定河绿色生态廊道建设，加快构建以流域投资公司为平台的新型流域治理政府间协作关系，流域投资公司作为永定河综合治理与生态修复具体实施者，制定《永定河综合治理与生态修复实施方案》。

本次《实施方案》以实现永定河流域生态保护和高质量发展为核心目标，以"多规合一"和"资源整合"为手段，以实现流域综合治理与生态修复任务资金平衡、促进地方高质量发展相契合为目标，将流域综合治理与生态修复工作任务与地方国土空间优化、城镇高品质建设、特色产业发展、存量资产盘活、文化保护复兴等统筹安排，提出了保护与治理、管控与建设、发展与提升等措施，梳理重点项目，明晰实施路径和运营模式，匡算资金平衡方案，制定支持政策与保障措施。

▍INTRODUCTION

As a specific implementer of the plan, the Yongding River Investment Co., Ltd. formulated the "*Implementation Plan for Comprehensive Improvement and Ecological Restoration of Yongding River*", with the aim to carry out the strategic intent of the state to improve the Yongding River comprehensively, promote the construction of an ecological corridor, and establish a collaborative relationship between governments for the improvement of the river.

Taking ecological protection and high-quality development of Yongding River Basin as core objectives, and using multi-plan integration and resource integration as main technical means, efforts are made to incorporate the comprehensive improvement and ecological restoration work of the river basin with the optimization of local spatial pattern, high-quality urban development, eco-industry development, revitalization of stock assets, and cultural protection and rejuvenation in the cities along the river. On such a basis, emphasis is placed on specifying the key projects, clarifying the implementation path and operation mode, working out the fund balance scheme, putting forward renovation, protection, and development measures, and formulating related supporting policies.

1 项目背景

　　永定河，北京母亲河，京津冀重要水源涵养区、生态屏障和生态廊道，2016年底永定河流域综合治理与生态修复工程启动，成为京津冀协同发展在生态领域率先实现突破的着力点。如何保证近400亿治理项目资金的持续投入是核心难题。为减轻沿线政府"治河"财政压力，永定河流域治理和生态修复项目在全国首次采取"投资主体一体化带动流域治理一体化"的新模式，2017年底由国家发改委牵头，京津冀晋四省市政府引入中国交通建设股份有限公司（简称"中交集团"）作为战略投资方，共同组建永定河流域投资有限公司（简称"流域投资公司"），负责全流域治理工作的总体实施和投融资运作，构建起运用经济杠杆保障流域治理持续运作的市场机制，并以流域投资公司为平台探索流域上下游政府协同治理的新机制。为此，流域投资公司开展《永定河综合治理与生态修复实施方案》（简称《实施方案》）编制工作，为流域投资公司与流域沿线各城市政府签订"一地一策"合作协议提供技术支撑（图1）。

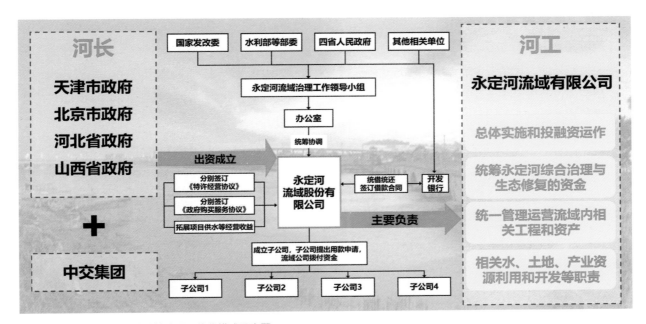

图1　投资主体一体化带动流域治理一体化模式示意图
Fig.1　Integration of river basin improvement driven by the integration of investment parties

2 项目构思

　　本次实施方案以实现永定河流域生态保护和高质量发展为核心目标，以"多规合一"和"资源整合"为手段，以实现流域综合治理与生态修复任务资金平衡和促进地方高质量发展相契合为目标，制定了"价值评估—项目遴选—运营模式—合作机制—利益调配—配套政策"的全流程规划方法。将流域综合治理与生态修复工作任务、地方国土空间优化、城镇高品质建设、特色产业发展、存量资产盘活、文化保护复兴等统筹安排，提出了保护与治理、管控与建设、发展与提升等措施，梳理重点项目，明晰实施路径和运营模式，匡算资金平衡方案，制定支持政策与保障措施，实现流域投资公司与地方政府双赢。

2.1 积极应对治理新主体的多种角色

面向市场化运作，以流域投资公司为平台，促进流域治理中社会资本参与，并建立流域内公共政策与市场化手段相结合的运行机制。公司将担任起治理工程实施者、资产所有者和资源经营管理者三重角色，并赋予其实施和投融资运作、统筹综合治理修复资金、统一管理运营流域相关工程和资产以及进行相关资源利用和开发等职责。

2.2 以资金平衡为核心目标

流域综合治理和生态修复工程可获得一定比例的中央投资补助，其余资金通过市场化方式筹措解决。研究通过流域沿线土地开发、水资源运营、生态补偿以及生态资源使用权交易和相关产业经营等

方式获得收益，用以平衡流域治理的资金，实现从建设期到运营期总体、动态、持续的资金平衡。可以看出，公司从自身企业发展角度，在确保治理工程项目实施之外，还将更多关注流域治理过程中资源开发、资本运作以及资金管理等各个方面的有效衔接。

2.3 通过资源价值转化带动多方共赢

作为资金平衡的重要方式，公司将特许经营流域内的有关资产，核心是挖掘流域内生态产品的服务价值，以资源价值提升与兑现为抓手，搭建公司的盈利模式，探索一条"绿水青山"向"金山银山"转化的路径。充分发挥各地资源的优势，突破行政区障碍，促进流域上下游产业、资金、信息和人才等要素的自由流动，带动流域经济社会发展转型升级，构建起生态共治、经济共兴、文化共荣的流域协同发展利益共同体和责任共同体（图2）。

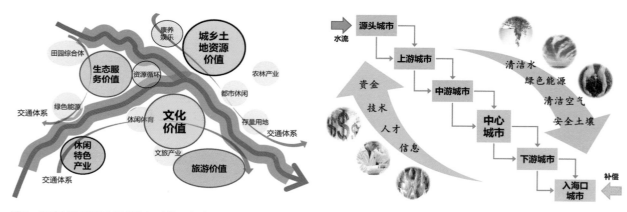

图2　以流域治理带动沿线资源升值、促进上下游要素流动示意图
Fig.2　Appreciation of resources and the flow of elements promoted by the river basin improvement

3 | 主要内容

《实施方案》以实现永定河流域生态保护和高质量发展为核心目标，以"政企协商"和"资源整合"为手段，为支撑市场化为主体的流域治理

体系，构建了"资源价值评估—项目资金平衡与运维—配套政策支撑—技术标准考核"的全流程规划方法。成果体系包括：流域治理实施方案、

图3 实施方案成果体系
Fig.3 Results of the implementation plan

图4 实施方案主要内容
Fig.4 Main contents of the implementation plan

分省市实施方案、专项规划、专题研究4部分内容（图3）。主要内容总结概况为资源库、项目库、政策库和标准技术库4个方面（图4）。

3.1 识别全流域绿水青山价值的"资源库"

摸清资源家底，开展流域内土地、农林、文旅、绿色能源等资源与资产现状调查，包括存量和待开发资源，以及涉及资源开发的配套优惠政策等，从"项目运维与市场前景、投入产出效益比、政策支撑度、政企合作契合度、操作便利度"多个方面综合评价各类资源开发潜力，筛选出具有优质价值的"资源库"，分类制定包括增值溢价分配、生态指标和产权交易、生态补偿、生态产品收益等多种资源向资产转化方式，作为政企合作以及引入社会资本参与进行洽谈、储备和招商的核心资源。

3.2 构建以资金平衡为目标的"项目库"及其运营模式

从支持地方转型发展和促进沿线资源高质量开发角度，规划制定契合流域政府和企业发展诉求的流域治理总体目标和开发保护总体格局，落实到"生态修复与综合治理、土地整治与开发、生态资源高效利用、文化遗产保护与活化、数字化管理体系"等五个方面任务，并进一步细化为三十余项子任务继而生成"生态治理类""资金平衡类"两大项目库，以区、县为单位，在开发时序和空间关系上对两类项目库进行匹配。进一步明晰各类项目运营模式和资产管理边界，结合流域投资公司业务范围，制定项目的运营操作手册和流程图，并初步匡算资金平衡方案。后续流域投资公司陆续与各地政府签订了"一地一策"的合作框架，明确了"项目库"在实施过程中双方责权、分工以及利益分配等框架性内容，为构建稳定的政企合作关系和方案实施提供了重要保障（图5）。

治污和排污权交易政策、生态补偿机制、多元化融资机制、实施考核和监督机制这7个方面（图6）。

3.3 创新制定支撑资产转化的配套"政策库"

《实施方案》以流域自然资产增值和转化为目标，系统梳理部门政策、地方政策、行业政策和试点政策，为创新政策提供重要参考。为吸引社会资本参与制定了资产转化的各类配套政策，包括河流生态廊道及廊道内资源开发政策、特色资源综合开发和利益分配保障制度、水资源使用和交易制度、流域

3.4 形成一套保障工程质量的"标准技术库"

识别流域主要生态环境影响因素和生态环境问题，以全线不断流为目标，测算河道内用水总量，确定河流各段生态功能定位、措施方向、技术指标与工程要求，制定"水安全、水环境、水生态"三类标准，指导永定河后续治理，形成长效的技术监督和质量评估考核标准（图7）。

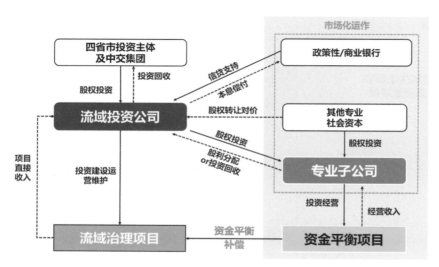

图5 项目运营模式示意图
Fig.5 Operation mode of the project

图6 政策库示意图
Fig.6 Policy database

图7 标准技术库示意图
Fig.7 Standard technology database

4 项目特点

《实施方案》以"两山"理论为指导，以"积极引入市场化机制和提升社会资本参与流域治理工作"为创新方向，落实党中央在《生态文明体制改革总体方案》（简称《总体方案》）提出的"构建更多运用经济杠杆进行环境治理和生态保护的市场体系"，以及"加快建立以产业生态化和生态产业化为主体的生态经济体系"的要求，旨在破解流域一体化治理和协同治理难题，制定了"价值评估—项目遴选—运营模式—合作机制—利益调配—配套政策"的全流程规划方法，为保障现阶段国内广泛开展的流域综合治理和生态修复实施方案探索新经验。该实施方案主要特点体现在以下几个方面。

4.1 推进山水林田湖草综合治理和国土空间整治，筑强流域生态本底

《总体方案》提出了农业节水、水量配置、水源涵养、水源地保护等七大类重点建设项目。《实施方案》以保障生态用水为目标，加强流域层面的工作统筹，进一步突出重点、优化措施，分档分类合理地确定项目实施优先次序，制定技术引导标准，确保生态修复后的总体风貌不走样。

落实《总体方案》关于科学划定河湖管理范围、加强河湖空间用途管控的要求，从流域生态系统整体性和系统性着眼，划定河湖管理范围和永定河流域生态控制廊道。重点开展土地综合整治项目，通过村镇低效用地整治、高标准农田建设等一系列土地综合整治行动，以及矿山修复、工矿废弃地复垦和盐碱地治理改良等生态修复行动，优化流域国土空间格局，提升流域沿线城乡土地资源价值。

4.2 拓展生态资源服务效益，促进流域绿色高质量发展

以京津冀协同发展为契机，依托永定河流域生态治理，重点参与特色农林产业、文化旅游、水资源利用、绿色能源等项目开发，承接北京非首都职能疏解，上下游共同构建适宜永定河流域资源特点和生态保护要求的"绿色产业集群"。提出"两屏、三带、四集群"的总体资源统筹开发格局，构建"一带、三核、五区"的农业发展格局，建设"一体、三带、多点"的流域林业产业发展格局，以廊道统筹、双核驱动、八片引领、多点串联的总体布局发展流域文旅产业，统筹调配流域地表水、地下水、再生水，补齐生产、生活、生态用水短板，结合流域资源条件适当布局光能、风能及抽水蓄能等绿色能源（图8）。

4.3 创新性提出了生态产品价值实现的多种模式，明晰实施路径和运营模式

基于流域生态资源禀赋和生态治理项目情况，按照"一地一策"，制定了"价值评估—项目遴选—运营模式—合作机制—利益调配—配套政策"的全流程实施方法。

（1）以资源调查和价值评价为基础，明确生态资源价值实现模式和机制。通过相关资源开发价值的评估和预判，确定流域内土地、农业、林业、文化旅游、绿色能源等各类资源的利用方向和资产转化方式（表1）。

（2）匡算治理资金及生态资源开发收益，探索生态资源向生态资产转化的多种方式。从支持地方政府发展目标和促进沿线资源高质量发展角度，对流域生态治理项目及生态资源产业化项目统筹政企双方发展诉求，匹配时序和空间布局，统一整合到"生态治理类"和"资金平衡类"两大项目库，围绕项目库明确各类资源资产的权益边界和产权主体，依法依规进行确权登记和签订转让合同，以保障参与治理相关方的合法权益。在实施层面，确定地方各级政府为责任主体，流域投资公司为实施主

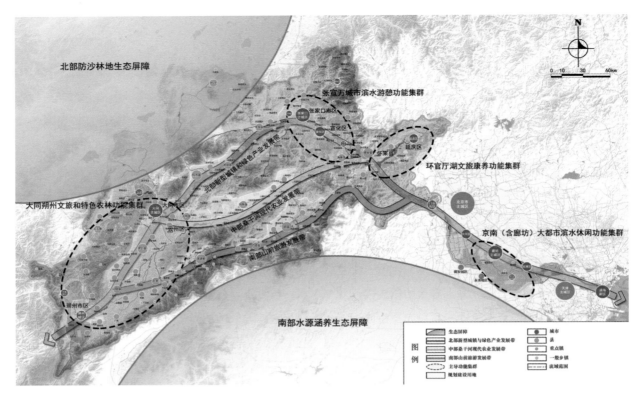

图8　流域总体结构规划图
Fig.8　Overall spatial planning of the river basin

资源价值转化方式　　　　　　　　　　　　　　　表1
Transformation mode of resource value　　　　　　Tab.1

土地资源	资产转换方式	生态资源	资产转换方式
土地综合整治	①指标（耕地、建设用地）交易获得部分比例收益；②土地出让收益分成	经济林	①林产品和深加工；②林权抵押、银行贷款
		森林公园	①奖补税费和林地赎买；②林下经济和森林康养；③旅游项目经营
土地综合开发	①土地资源综合开发收益土地综合开发；②股权投资收益；③土地出让收益分成	农业资源	①资金补贴和奖励；②农产品种植和加工收益
农村建设用地整治	①农村建设用地复垦增减挂钩指标交易分成；②集体经营性用地交易或使用	旅游资源	①景区提升改造，持有经营，获取收益；②一般性资源合作经营分享收益；③转让特许经营权获取收益；④资产证券化融资
生态环境整治	矿山修复、盐碱地修复结余部分指标交易和使用	康养度假	①土地入股获取收益；②土地开发获取收益；③优质子项目自建自运营
泛区土地整治	指标交易收益，农林绿色产业收益	体育休闲	①先行筛选合作商，共同谋划项目；②第二方运营、收益分享

体，共同推进项目实施并接受考核，形成稳定和清晰的政企合作机制（表2）。

（3）以"谋运营、测资金、定政策"为抓手，构建资本形成机制。创新制定了保障各类资源转化的支持政策与保障措施。根据近期实施项目的资源开发特点，明确项目的操作模式、运营流程，并初步匡算资金测算方案。在各种合作机制中，重点关注生态资源产业化项目运作的关键实现条件及其潜在的风险，围绕生态资源产业化项目，以区、县为单位明晰项目运营模式和经营边界，为项目运营制

"生态治理类"和"资金平衡类"两类项目政企合作模式表   表2

Government-enterprise cooperation mode for the eco-governance
project and the fund balance project   Tab.2

两类项目	政企合作模式	合作模式要点与项目类型
生态治理类项目	政府统筹模式	由政府以直接投资、发行债券等方式落实项目投资资金，流域投资公司完成项目建设并承担后续运营维护责任，或由政府指定流域投资公司以外的其他主体落实项目投资、建设及运营
	"流域投资公司统筹+政府投资补助+政府购买服务"模式	流域投资公司利用中央及地方政府投资补助资金（水利、环保等相关资金补贴）、公司自有资金撬动银行贷款，完成项目投资建设，并由项目所在地政府以购买服务方式，解决后续运营维护资金
资金平衡类项目	政府和社会资本合作（PPP）模式	依照现行有关法规政策，采取政府和社会资本合作（PPP）模式，由流域投资公司作为社会资本方，实施项目投资、建设、运营，并通过项目收入或政府付费，实现项目资金平衡。此模式适用土地整治项目、水资源工程等资金平衡项目
	"流域投资公司统筹+政府综合支持"模式	流域投资公司与地方政府围绕盘活土地资源、水务资产等展开多种形式合作，获取部分经营性资产或参与可盈利项目，实现流域治理资金平衡。此模式适用于土地综合开发类、水务资产经营类（供水、污水、再生水、河道采砂等）、旅游项目特许经营、绿色能源类等资金平衡项目
	"流域投资公司+专业社会资本"合作模式	流域投资公司符合地方发展诉求并在得到地方政府相关政策引导和保障前提下，自行或引入专业社会资本，开展流域相关资源项目投资经营，通过经营性收入（股利分配等路径）形成资金平衡机制，满足流域治理项目偿债需求。此模式适用于农林特色产业类、土地综合开发类、文化旅游类、绿色能源等资金平衡项目

定操作手册和流程图。创新制定资产转化的各类支撑配套政策。包括河流生态廊道及廊道内资源开发政策、特色资源综合开发的保障制度、水资源使用和交易制度、流域治污和排污权交易政策、生态补偿机制、多元化融资机制、实施考核和监督机制七个方面。

4.4 系统保护永定河文化遗产，带动流域文化复兴

加强文化遗迹保护和文化建设，推动文化复兴，使永定河流域不仅成为绿色生态的纽带，还可形成一道跨越京津冀晋的文化风景线。构建永定河流域"两大遗产保护体系、三条文化线路、四大文化区"的历史文化空间。"两大遗产保护体系"为：以大同、张家口、北京、天津、蔚县为代表的历史文化名城、镇、村文化保护体系；以广武城、方山永固陵、水母宫、卢沟桥等为代表的文物保护体系。"三条文化线路"为：以明长城内外为依托的长城文化线路；以万里茶道山西与河北段为载体

的万里茶道文化线路；以泥河湾、涿鹿、代王城、平城、金中都等为代表的流域迁徙文化线路。"四大文化区"为：以张家口、宣化为核心的边塞文化区，以大同为核心的都城文化区，以泥河湾、涿鹿、东胡林等为代表的远古文化区，以蔚县为核心的民俗文化区。

4.5 实现流域数字化管理，提高治理能力现代化水平

为落实《总体方案》，实现流域生态治理与沿线空间及产业规划有机衔接的目标，针对全流域建设全天候天地空一体化动态感知监测平台。建设具备高效云计算、云存储以及智慧调度会商环境的自主可控的基础设施体系，智能、高效、集约、科学地开展流域工程规划建设、产业开发；围绕流域综合治理、产业开发、公共服务等业务，构建流域全景，实现多种业务的可视化展示、综合决策分析，服务沿线高质量发展（图9）。

图9 "数字永定河"信息平台
Fig.9　Information platform of "Digital Yongding River"

5 | 实施情况

从近三年的实施效果来看，实施方案已成为指导永定河生态修复和综合治理的重要纲领性文件，也成为流域投资公司策划和运作项目、构建政企协同治理体系的重要参考和指引。

5.1　永定河综合治理与生态修复项目有序实施

各类综合治理与生态修复项目有序实施，河道整体面貌有了明显提升，水流条件得到改善，为实现"流动的河"打下坚实基础；通过河道生态补水，河道内及河岸带生境得到有效恢复，河流水生态环境有了明显改善，大批鸟类栖息繁衍，河道生态功能得到进一步增强，"绿色的河"成效显著。通过拆除违建、清理垃圾、修筑堤防、绿化滩地，有效促进了水生态环境的改善，"清洁的河"逐步显现。2020年春季，干涸40多年的永定河下游河道实现通水，京津冀晋实现水路连通，水头最远达到天津市武清区永定河东洲桥。一条长期断流的河流逐渐恢复了往日"水清岸绿、鱼翔浅底"的勃勃生机，一条绿色生态廊道勾勒出两岸城乡美好生活的千里画卷。2021年，永定河865km河道实现了1996年以来首次全线通水，沿线群众的获得感、幸福感大幅度提升，社会反响强烈，并为北京冬奥会顺利召开作出贡献。

5.2《实施方案》陆续通过政府审批，成为推动流域综合治理、政企合作、上下游协同的重要文件

规划编制的各地市"一地一策"实施方案陆续通过政府审批，成为流域投资公司与政府合作的重要纲领性文件。包括2020年6月，张家口市政府正式印发了《永定河综合治理与生态修复张家口市实施方案》；2020年10月，朔州市政府正式印发了关于《永定河综合治理与生态修复朔州市实施方案》的批复；2021年1月，《永定河综合治理与生态修复大同市实施方案》批复。北京市实施方案经专家咨询评审并按要求修改完善，已经完成。天津市、廊坊市实施方案已完成，按照流程正征求部门意见。

《实施方案》提出的横向补偿方案已上报永定河综合治理与生态修复部省协调领导小组并征求各

省市意见，成为2020年全国政协重点议题，由财政部牵头会同水利部等部门共同推进。

5.3《实施方案》成为流域投资公司谋划推进实施项目的重要支撑

《实施方案》确定的资金平衡机制为后续流域投资公司设立产业投资基金提供重要参考。《实施方案》谋划的优质资源项目、研究回报机制及投资收益测算等结论，对于流域投资公司适时引入战略或财务投资资本、启动设立产业投资基金工作提供了决策参考。

《实施方案》成为流域投资公司对接各部委政策的重要依据和行动指南。实施方案提出的土地整治、产业发展、文旅投资等政策创新导向，成为公司申报部委各类政策试点的重要依据。其中，实施方案中谋划的沿流域两侧土地整治项目以及流域源头生态综合整治项目，积极申报自然资源部"社会资本参与国土空间生态修复案例"和生态环境导向的开发（EOD）模式试点；结合流域生态节水类项目，《实施方案》策划的农业类项目，积极申请国家发展改革委和农业农村部"农业领域政府和社会资本合作试点"项目。

6 | 结语

以市场化为主导，提升社会资本参与程度，是我国生态文明建设领域机制创新的重要方向，其核心命题是形成"绿水青山向金山银山"转化的路径。永定河流域治理实施方案将此要求贯穿始终，在3个方面体现了开创性：

（1）全流域：全国首部面向全流域，涵盖生态、水利、土地、环保、产业等多领域、多要素的生态修复和综合治理实施方案；

（2）新主体：全国首部以市场化性质的流域公司为实施主体，以市场化运作为主要手段的流域治理实施方案；

（3）新路径：全国首部为保障"治河"资金平衡，探索"资源—资产—资本"转化路径为重点的实施方案。

永定河"流动的河、绿色的河、清洁的河、安全的河"的治河目标正在逐步实现，支撑永定河流域"有序治理"和"永续治理"的"资源—资产—资本"转换路径也在逐步清晰，永定河为"两山"理论的实践探索积累了宝贵经验。

02 济宁市采煤塌陷区空间治理及生态修复规划
Spatial Improvement and Ecological Restoration Planning of Mining Subsidence Areas in Jining City

▌项目信息

项目类型：专项规划
项目地点：山东省济宁市
项目规模：11000km²
完成时间：2020年1月
委托单位：济宁市自然资源和规划局
获奖情况：2021年度北京市优秀城乡规划奖三等奖

项目主要完成人员

主要参加人：李家志　李潇　涂欣　王欣　于德淼　秦婧
　　　　　　郭诗洁　闫勤玲　李婷婷　甘宜真　仇普钊
　　　　　　马静惠　焦秦　郭跃州　张明莹
执　笔　人：郭诗洁　涂欣

十里湖塌陷地治理成果
Improvement results of the mining subsidence area at Shili Lake

▌项目简介

　　在新时代新的发展理念指导下，本次规划研究秉持问题导向与目标导向双结合的视角，从统筹"山水林田湖草生命共同体"保护和修复的角度出发，以国土空间总体规划为落脚点，从市域层面的生态修复、都市区层面的用地增效和塌陷区层面的形象展示3个层面着手，解决采煤塌陷地的生态修复、空间治理及合理利用问题，实施"刚弹结合"的创新性用地管控政策，探索了采煤塌陷地空间治理的有效实施路径，努力实现城市的高质量发展。

▌INTRODUCTION

Guided by the new development philosophy in the new era, and from both problem-based and goal-oriented perspectives, this planning aims to achieve a balance between the protection and restoration of mountain, water, forest, farmland, and grassland ecosystems. In line with the territorial master plan, this planning addresses the issues of ecological restoration, spatial improvement, and rational utilization of mining subsidence areas from three levels: ecological restoration of the city region, land use efficiency improvement of the urban area, and image demonstration of the mining subsidence area. By implementing innovative land use control policies that combine rigidity and flexibility, this planning explores an effective implementation path to the spatial improvement of mining subsidence areas to achieve high-quality urban development.

1 项目背景

济宁市是煤炭资源型城市，市域范围内采煤塌陷地分布广泛，2020年全域采煤塌陷面积为522.53km²，预测到2030年全域采煤塌陷面积达796.15km²。其中，待塌陷面积占市域国土面积的5.3%（图1）。

采煤塌陷地的形成由来已久，但并非天然形成，而是动能转换的遗留问题，其对济宁市的发展造成了深远影响，具体从城、村、人、地4个要素分析。采煤塌陷地对城市内部组团之间、都市区范围内城市之间的联系都存在割裂、低效的负面问题，影响城市的集中连片发展及重要交通通道选线。同时，采煤塌陷地涉及全市679个村庄，其中128个村纳入省政府压煤村庄搬迁计划，使得4.6万户、15.5万人口面临失地失业。此外，对于土壤和农田带来废弃退化的负面效益，造成耕地指标减少、部分建设用地损毁，土地无法实现高效利用。

采煤塌陷地是综合而复杂的城市与生态系统中的一环，其关联性包含生态、民生、产业、用地、建设、政策等多元要素。因此，采煤塌陷地空间治理及生态修复规划是一项综合性、系统性的工作，也是一个创新探索性的规划课题，需要规划引领、政府主导、部门协同、多方参与，通过空间治理与生态修复策略，进一步实现城市的综合治理与高质量发展。

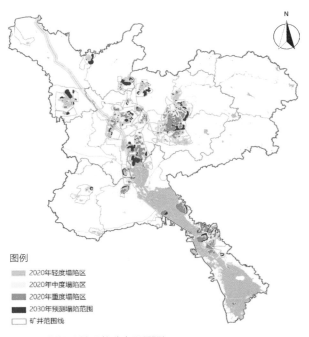

图1 采煤塌陷地现状分布及预测
Fig.1 Current distribution and prediction of mining subsidence sites

图例
- 2020年轻度塌陷区
- 2020年中度塌陷区
- 2020年重度塌陷区
- 2030年预测塌陷范围
- 矿井范围线

2 规划思路与主要内容

采煤塌陷地空间治理及生态修复规划区别于传统保护规划思路，将以国土空间总体规划为落脚点，从全域统筹视角出发，倡导"先绿后城"的规划理念，实现"山水林田湖城"有机融合。最终通过"刚弹结合"的创新性用地管控政策，在市域层面建立塌陷地政策实验区，探索精准管控及实施落位。

基于上述规划思路，针对济宁市采煤塌陷地分布广泛的特质，规划从统筹"山水林田湖草生命共同体"保护和修复的角度出发，由市域层面的生态修复、都市区层面的用地增效和塌陷区层面的形象展示3个层面着手，解决采煤塌陷地的生态修复、空间治理及合理利用问题，探索采煤塌陷地空间治理的有效实施路径。通过生态修复与空间治理策略，真正实现塌陷地空间变废为宝，将塌陷地区的生态"包袱"转变为绿色发展的生态抱负，促进生态空间与城市空间品质双提升，支撑国土空间总体规划的实施落位。

具体而言，规划将通过塌陷地的空间治理，助力济宁修复生态、恢复生境、优化结构、提升品质、彰显特色，将济宁塑造成为"大运河上的绿链都市"。其中，重点突显打造全域塌陷地生态修复示范区，实现"绿映济州"；营造都市区提质增效触媒纽带，形成"绿镶都市"。

首先，在全域层面构建塌陷地生态修复示范区。基于国土空间总体规划的双评价，开展生态敏感性和重要性评价。在市域范围内构建生态修复与安全格局，最终形成绿带绕城、碧水串城、蓝绿空间点缀于组团之间的"山水林田湖城"有机融合的国土空间总体格局，实现由"硬质"的交通廊道向"软质"的蓝绿骨架环境引导转换。同时，因地制宜开展塌陷地土地修复，并根据塌陷程度进行分类治理，部署雨洪滞蓄空间，恢复生态斑块特征，补给河道流量。此外，济宁市是南水北调二期工程东线的重要输水通道和中转站，为确保南水北调一江清水永续北上，将分散的采煤塌陷地融入整体水网，可改善塌陷区的水动力问题，保障区域水质稳定达标。

其次，在都市区层面实现用地提质增效，优化"十二明珠"布局，打造引领城市高质量发展的环城生态带，凸显塌陷空间高质量发展下的形象转换。针对环城生态带外部用地，整合零散工业，实现工业组团化发展。通过增量识别与存量挖潜，盘活土地利用效益，形成九大高质量发展片区。针对环城生态带内部用地，分序关停煤矿及污染性工厂，并进行土地整治，鼓励土地复合化利用，采取低干扰、点状探入式的生态文化展示利用，弥补城市休憩体验与文化展示空间的不足。

3 | 项目特点与创新点

济宁全域采煤塌陷地的分布特征可总结为以下3点：第一，表现在时空分布的非均衡性。在空间上采煤塌陷地分布零散，大量位于城市边缘或城市群内部的郊野地带，呈现出条块化、碎片化分布；在时间上，受降雨量与地下水位影响，呈现出季节性差异。第二，采煤塌陷存在一定的持续性与动态性，且随着时间的推移，重度塌陷地的面积存在明显非等比扩增。第三，采煤塌陷地与"三调"现状地类严重冲突，主要表现在与耕地及建设用地的冲突，且未来塌陷地与耕地冲突将持续增加。

基于上述总体特征，规划将立足全域统筹视角，分层次实施采煤塌陷地空间治理及生态修复策略，通过用地管控与创新性政策实施管控，纳入国土空间总体规划成果中。

3.1 全域层面生态修复

在全域层面，将采煤塌陷地视为生态系统演替的重要环节、生态系统的弹性阈值空间，通过生态空间的定量分析，提出国土空间视角下针对"山水林田湖草"的全系统土地修复治理策略。具体从生态敏感性、现状水系分布、生态红线、塌陷程度、基本农田、地类情况等方面分析，划定生态管控分区和管控边界，明确自然保育空间与人工修复空间，并采取分类治理的生态修复措施。

（1）构建全域生态安全格局与雨洪蓄滞湿地

首先，在市域范围内构建"廊道—斑块—基质"生态安全格局，定量划定生态控制范围与生态用地空间。利用生态安全格局，将塌陷地营造为生物栖息生境区，遴选鹭鸶、绿头鸭、红隼三种济宁特质鸟类作为焦点物种，恢复塌陷地内生物多样性，搭建栖息生境营造区，实现生物固碳。

其次，济宁南四湖所在区域为我国南水北调二期工程中的重要流域，利用采煤塌陷地在全域布局6处蓄滞雨洪的湿地，通过湿地可净化上游水质，形成储存的"水柜"，近期可调蓄雨水量1亿m³，保证南水北调二期工程水质与水量（图2）。

变革与创新　中规院（北京）规划设计有限公司　优秀规划设计作品集Ⅲ

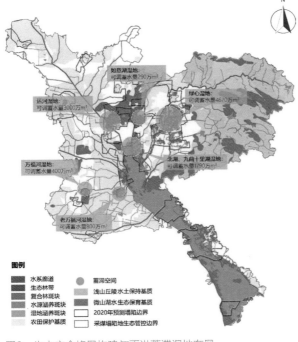

图2 生态安全格局构建与雨洪蓄滞湿地布局
Fig.2 Establishment of an ecological safety pattern and the layout of rainwater storage wetlands

（2）以塌陷地治理为抓手，修复"山水林田湖生命共同体"

通过对全域塌陷地的稳沉情况与积水现状分析，预测未来进一步动态塌陷深度，并利用工程措施，针对不同程度塌陷地实施分类治理。对于轻度塌陷区域，采用划分整平法，配套水利设施，重点恢复为耕地；对于中度塌陷区域，采用挖深垫浅法，将其中塌陷较深无法恢复耕种的区域继续挖深，取出的土方充填塌陷较浅区域逐步恢复耕地，而挖深区域则进行生态修复；对于重度塌陷区域，通过围湖造岸、植被覆盖、湿地营造等方式进行生态修复，逐步演替为水域或湿地生态系统。

基于塌陷地现状分析，叠合全域生态安全格局与塌陷地内"三调"现状地类，采取因地制宜原则，提出"修田、还建、复生"三大策略，形成塌陷地内适宜农业发展区、适宜城镇建设区、适宜生态保育区三大分区。最终，通过优化塌陷地内用地构成扩大生态调蓄空间，实现修复"山水林田湖生命共同体"的目标。

其中，"修田"是针对塌陷地内可复垦的农用地，采用优先复垦、保障农用地的措施，修复面积占总面积的43%；"还建"是通过用地的存量挖潜，补充197.99km²适宜建设用地，修复用地面积占总面积的31%；"复生"是针对塌陷地积水区或预测中重度塌陷区内的永久基本农田，这类确实无法复垦的区域进行动态监测与核减，通过生态修复和土地治理工程进行修复，修复后用于增加水域、湿地、林地、鱼塘、园地等用地，这类修复用地面积占总面积的26%。

3.2 都市区层面用地增效

在都市区层面，实施用地的提质增效策略，对塌陷地进行分类识别，强化对城区周边地带的塌陷地利用，打造引领城市高质量发展的环城生态带。

（1）针对环城生态带外部用地，增量识别与存量挖潜

通过增量识别与存量挖潜，盘活土地利用效益，筛选识别可平整修复的增量用地面积101.32km²，以及可进行功能置换的存量用地面积64.80km²，形成九大高质量发展片区。

（2）针对环城生态带内部用地，进行土地整治

通过分序关停煤矿及污染性厂矿退出，因地制宜进行土地整治。其中，腾挪位于已塌陷或可能塌陷区域用地面积10.52km²，以还原生态空间，复垦永久基本农田用地面积1.90km²，以还原农业生产空间。此外，在避让永久基本农田和塌陷区域基础上，识别绿环内部潜力发展空间面积30.74km²，占环城生态带总面积的3.58%。针对这类空间制定未来产业发展的绿名单及黑名单，鼓励土地复合化发展，同时结合本土运河文化与儒家文化两大世界文化遗产，采取低干扰、点状布局的生态文化展示利用模式，弥补城市绿地系统中文化展示功能的缺失（图3）。

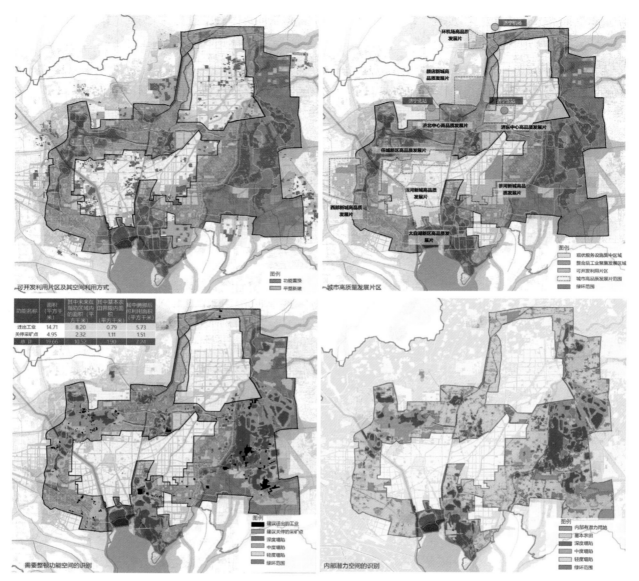

图3　环城生态绿带内外部用地增效

Fig.3　Improvement of land use efficiency within the round-the-city green belt

3.3　用地管控与政策探索

（1）用地管控原则探索

　　基于塌陷地内现状用地的复杂性，从土地用途整治、建设空间布局与弹性空间预留三方面出发，提出六大管控原则，探索刚性保护与弹性发展之间的有机联系。

　　第一，生态优先，对于无法复垦的采煤塌陷区域，鼓励生态修复为湿地及林地，尤其是位于城区周边的塌陷地，将探索分类公园建设，弥补城市绿地系统的不足。第二，农字当头，对于塌陷地内宜

农区域以复垦为主，优先保护，梳理塌陷地内可复耕的林地等其他地类补充耕地总量。第三，水域变更，动态核减耕地指标，将永久性塌陷积水区土地性质变更为水域，对耕地进行动态核减；而季节性积水区则根据修复利用方式判断是否作变更及耕地核减。第四，现状已建区优先，未建区建议规划衔接，结合生态保护格局，对用地布局作相应调整。第五，针对区域生态廊道及中重度塌陷预测区内的村庄用地，鼓励村庄拆迁异地安置。第六，将生态安全区外的非耕地区域或未来可用于建设性经营活

动用地区域作为弹性预留区域。

综上所述，对于采煤塌陷地空间的治理与生态修复，应注重"刚弹结合"的管控手段。即在刚性层面，永久基本农田保护与生态修复指标管控绝对优先；在弹性层面，适当预留弹性用地和必要的服务设施用地，建议优化生态与建设用地配置比例，用之有节。

（2）政策创新探索

在政策探索方面，规划借鉴国家及各省市创新性政策实践，结合济宁本地特征与实际需求，提出以下5点创新性政策探索。第一，针对未来塌陷面积将持续扩大的趋势，立足实际，建立塌陷地与永久基本农田逐年损毁核减的动态联动机制，对因采矿塌陷等确实无法恢复的农用地，变更为未利用地，并纳入国土空间总体规划中。第二，实施塌陷农用地只征不转政策，依法征收形成水面、无法复垦的土地，但不转为建设用地，通过"只征不转"扩大生态空间的路径实现。第三，创新跨域土地流转与存量交易制度，支持在省域内通过跨市域交易平台购买储备补充耕地指标，用于占补平衡，探索耕地和永久基本农田异地有偿代保等模式。第四，提出建设用地指标配比的建议，使建设用地用之有节。可借鉴《成都市环城生态区总体规划》的先进经验，在沉陷区内按5%、沉陷区周边按20%的比例配置建设用地。第五，探索点状供地政策，在城镇开发边界外不适宜成片建设的地区，根据资源环境承载能力、区位条件和发展潜力实施点状布局，按照"建多少、转多少、征多少"的原则进行点状报批，根据规划用地性质和土地用途，实施灵活的点状供地。

4 | 规划实施

规划按照"宜农则农、宜渔则渔、宜林则林、宜建则建"的原则，对全市域塌陷地内农用地、生态保育用地及建设用地进行用地调整，调整后基本农田事实性核减面积为29.31km²，计划性核减面积为42.13km²。核减的基本农田主要转化为生态保育用地，其次转化为农用地和公园绿地。最终实现保护山体空间不减少；水域面积由1295km²增加到1404km²；湿地面积由12km²增加到168km²；林地面积由1474km²增加到1481km²。最终，通过塌陷地的治理与生态修复，实现多重生态价值。

《济宁市采煤塌陷区空间治理及生态修复规划》项目完成后，塌陷地的分期治理工作正在积极进行中。目前，全市累计塌陷地治理面积为79.73km²。近中期主要针对城区周边的"十二明珠"塌陷地实施治理，目前少康湖、龙湖、十里湖、九曲湖生态湿地已基本完成治理，其他采煤塌陷地也逐步分批分类治理中。

5 | 结语

采煤塌陷地是煤炭资源型城市面临的共性问题，在国土空间总体规划的大背景下，应转变规划思路，面向空间治理与土地利用，从单一理水治地到多维复生融城，探索新发展阶段下采煤塌陷区的空间治理实施路径。通过生态修复与空间治理策略，降低塌陷地的负面效应，使其变废为宝，逐步转向"绿水青山"与"金山银山"，进而促进周边用地的高效利用，实现资源型城市的高质量发展。

03 长治市漳泽湖生态保护与修复规划

Ecological Protection and Restoration Planning of Zhangze Lake in Changzhi City

▌项目信息

项目类型：专项规划

项目地点：山西省长治市

项目规模：研究范围3233km²，重点规划区范围126km²

完成时间：2021年4月（山西省政府批复）

委托单位：长治市河道管护服务站

获奖情况：2023年度山西省国土空间规划优秀成果优秀奖

项目主要完成人员

项目主管：王家卓

技术负责人：王欣

项目负责人：吕红亮　孙学良

主要参加人：樊超　李晓丽　沈建　尹小青

执笔人：孙学良

漳泽湖东岸滨湖公园实景
Aerial photo of the lake park on the east shore of Zhangze Lake

▌项目简介

　　漳泽湖位于山西省长治市，属海河流域，库容4.27亿m³，水面面积24km²，流域面积3176km²，为长治第一、山西第三大湖库。因历史原因，造成漳泽湖水质富营养化、入湖水量呈减少趋势、湖周生态及景观状况不佳等方面问题。本规划以问题、目标双导向为基础，实施系统整治。通过开展全流域、全过程、全要素的系统化水体治理，实现湖泊水质优于地表水Ⅲ类。规划恰当处理好保护与发展的关系，建立"规划区–重点区"两区域、多级、多类型圈层式空间管控体系，最内三圈层为保护圈层，强化生态保护，外圈为发展圈层，打造大旅游、大健康、现代服务业三大产业，实现绿水青山转化为"金山银山"。

▌INTRODUCTION

Located in Changzhi City, Shanxi Province, Zhangze Lake belongs to the Haihe River Basin, with a storage capacity of 427 million m³, a water surface area of 24 km², and a drainage area of 3,176 km². It is the largest lake reservoir in Changzhi City and the third largest in Shanxi Province. Due to historical reasons, the water quality of Zhangze Lake is eutrophicated, the amount of water entering the lake is decreasing, and the ecological environment and landscape around the lake are worsened. Being problem-based and goal-oriented, this planning carries out systematic improvement by conducting whole-process and total-factor water treatment that covers the entire drainage area, with the aim to achieve the goal that the lake water quality is better than surface water Grade Ⅲ. The planning properly deals with the relationship between protection and development, and establishes a multi-level and multi-type concentric spatial control system composed of "planning area – key area". The innermost three circles are established as the "circle of protection" to strengthen ecological protection, while the outer circle as the "circle of development" to develop the tourism industry, health industry, and modern service industry, so as to realize the transformation of lucid waters and lush mountains into invaluable assets.

1 | 背景概况

党的十八大以来，生态文明建设成为国家发展战略，河湖生态保护与修复是生态文明建设的重要组成部分。山西作为严重缺水省份，湖库资源弥足珍贵。2020年5月，习近平总书记视察山西时强调，要牢固树立"绿水青山就是金山银山"的理念，统筹推进山水林田湖草系统治理，抓好"两山七河一流域"生态修复治理。漳泽湖即为七河中漳河流域的重要湖库，是镶嵌在三晋大地上的明珠，要坚持生态优先、保护优先、科学有限开发利用，让山水田园体现自然生态之美，让城市更和谐更宜居。

2 | 漳泽湖现状

漳泽湖（湖泊型水库）位于山西省东南部，长治市主城区下游，属海河流域。漳泽湖库容4.27亿m³，水面面积24km²，流域面积3176km²，为长治第一、山西第三大湖库。漳泽湖上游入湖河流3条，中型水库6座（图1）。漳泽湖被评为国家城市湿地公园、省级风景名胜区、国家级水利风景区。

漳泽湖目前主要存在3方面问题。一是湖泊水质富营养化。现状水质总体为Ⅳ类－劣Ⅴ类；入湖总氮约为水环境容量的6倍，超标严重；最大污染源为城市生活污染（27%），其次为农村面源污染（26%）。二是入湖水量呈减少趋势。2018年流域内水资源开发利用率达78.2%，入湖水量较20世纪70年代减少近50%。三是湖周生态及景观不佳。湖周硬质岸线比例超50%，湖滨带空间破碎，植被配置层次单一；景观缺乏主题性，品牌效应弱。

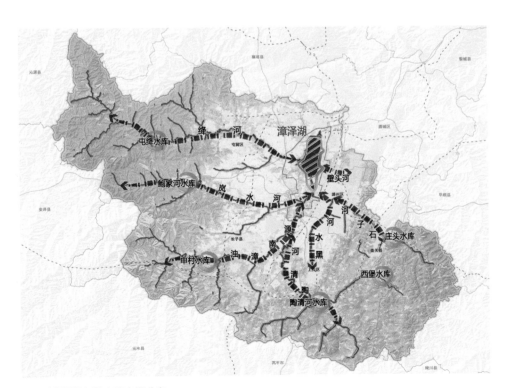

图1 漳泽湖上游水系空间分布
Fig.1 Spatial distribution of the upstream water systems of Zhangze Lake

3 | 规划目标与思路

3.1 总体目标

规划至2035年，实现漳泽湖水质优于Ⅲ类、水量持续恢复、生物多样性丰富、景观舒适宜人，建成河湖健康、水城共融的生态共享空间。

3.2 规划思路

规划通过打造"碧波荡漾的水梦漳泽、人湖和谐的生态漳泽、市民共享的诗画漳泽"，营造良好的生态环境，形成转型发展的绿色引擎，推动区域转型发展，实现"绿水青山转化为金山银山"（图2）。

图2　漳泽湖规划总体思路
Fig.2　General thought of Zhangze Lake planning

4 | 规划方案

水是湖的灵魂，规划以水体治理为核心，实施全域空间管控。在保护圈层，塑造优良的生态环境和景观，在发展圈层，发展绿色产业，实现保护与发展相得益彰。

4.1 开展全流域、全过程、全要素的系统化水体治理

为解决水系统突出问题，结合规划目标，全流域开展统筹规划，全过程实施控源截污，全要素落实水环境、水资源、水生态、水安全四水共治。

（1）水环境流域治理

总量控制与分类施策并举。将总氮、总磷作为重点指标，以漳泽湖水环境容量（总氮≤210.77t/a，总磷≤28t/a）为底线，实施总量控制，科学确定3条河道最大容许入湖污染量。以总量控制为抓手，分清主次，全过程实施控源截污（图3）。通过新改建4座城市、15个建制镇污水处理厂，整治181个河湖沿岸村庄，加大中水回用，开展海绵城市建设，控制城镇生活污染；通过打造漳泽湖西岸农业面源治理示范区，示范引领、全域推进，源头实施农药化肥减量增效，过程依次打造生态

田埂、生态拦截沟、生态湿塘，末端建设湿地与沿河生态拦截带，系统控制农业面源污染；通过整治流域内河湖沿岸31家养殖场、24家工业企业，控制畜禽养殖与工业污染；通过库尾建设生态湿地、库中进行生态疏浚、坝前进行生态清淤与曝气方式结合，控制湖泊内源污染。依据规划开展水质与水动力耦合模拟，保障湖泊水质优于地表水Ⅲ类。

（2）水资源优化配置

按照"节水优先、优水优用、低水低用、一水多用"原则，提出通过辛安泉、横水河引水用于生活用水及高要求的工业供水，矿坑水用于农业灌溉用水，中水用于城区市政杂用水、下游工业用水、河道生态补水，后湾水库水用于区域应急供水等措施提高入库清洁水量（不计中水）。实现年入库清洁水量较现状增加0.18亿m³，保障湖水健康循环、有序利用。

（3）水生态系统保护

开展立体生态修复。构建"一心（湖体）、两带（湖滨带、防护林带）、多节点（7处河口、湖湾湿地）"的生态修复格局，构筑蓝绿交融、望山亲水的生态空间（图4）。湖体增殖放流水生动物，

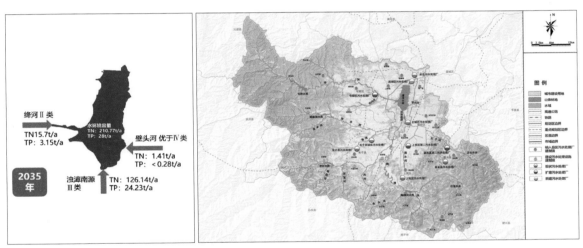

图3　漳泽湖流域总量控制（左）与规划城镇污水处理设施分布（右）
Fig.3　Total pollution control (left) and distribution of planned urban sewage treatment facilities (right) in the Zhangze Lake Basin

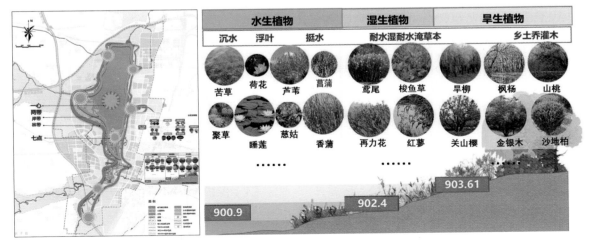

图4　生态修复总体布局（左）与多层次植被体系构建（右）
Fig.4　Overall layout of ecological restoration (left) and establishment of the multi-level vegetation system (right)

生态保育区营造水鸟栖息地，吸引白鹭等中敏感性鸟类，环湖营建栖台形成鸟类踏脚石，丰富动物多样性。湖滨带与环湖防护林带水位由高到低，依次种植水生、湿生、旱生植物，构建多层次植被群落体系。湖周打造7处河口、湖湾自然湿地，通过塑造微地形形成多样化的湿地形态，提高水体净化能力。

（4）水安全强化保障

通过开展漳泽湖全流域蓝线空间管控，实施湖岸加固，强化漳泽湖与上游6座中型水库联动调度，保障湖泊防洪达到百年一遇的标准。

4.2 实施分区域、分级别、分类型的圈层式空间管控

坚持生态优先、保护优先原则，按照"底线保障+强化管控"的方式建立"规划区—重点区"两区域多级、多类型、圈层式空间管控体系（图5）。

（1）规划区（全流域）建立两级管控体系

将水源涵养区、重点保护区、精卫湖等纳入生态保护红线，按禁止开发区域要求管理，确保红线内生态功能不降低、面积不减少、性质不改变。把漳泽湖上游干流两岸800m、支流两岸300m及周边高生态敏感性区域划入生态控制线，严控入河污染源，加强林地保护修复以提高水源涵养能力，实施岸线复绿，打造蓝绿交织、清新明亮的生态空间。

（2）重点区（滨湖区）建立四级管控体系

库尾生态敏感性高的区域划为湿地生态保育区，严禁开发建设，限制人为活动，实行最严格的生态保护制度。百年一遇洪水位线内划为水生态功能保护区，实施"四退四还"，即退工、退商、退居、退养、还滩、还林、还草、还湿。环湖外扩500~1200m区域划为生态管控区，不得从事破坏生态环境的活动，拆除现有村庄，不得布局居住、工业用地。生态管控区外扩1~2km（滨湖

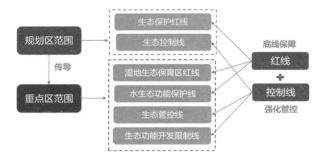

图5　漳泽湖空间管控体系示意
Fig.5　Spatial control system of Zhangze Lake

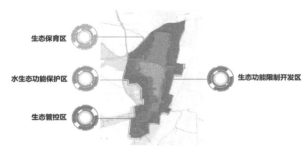

图6　重点区（滨湖区）四级管控体系示意
Fig.6　The four-level control system in the key area (the lakefront)

区）划为生态功能开发限制区，设置行业准入负面清单，逐步迁出，禁止煤矿再开采，管控天际线。重点区整体形成"圈层保护、西控东优"的生态保护与利用总体格局（图6）。西岸依托本底田园风光，打造林田交织的郊野自然景观带；东岸与在建的滨湖区及老城功能有机衔接，营造景致和谐、水城交融的城市景观带。

4.3 践行保生态、促转型、抓发展的生态化发展模式

留足生态空间，做优发展空间。规划重点处理好保护与开发关系，通过保护圈层供给优质生态产品，带动生态腹地发展，实现"生态越美丽，发展越兴旺，百姓越幸福"的良好局面。

（1）保护圈层开展生态治理与景观塑造

重点区的湿地生态保育区、水生态功能保护区、生态管控区为保护圈层，以保护为主，开展水体治理与生态修复，打造"二环六园"生态景

变革与创新　优秀规划设计作品集Ⅲ　中规院（北京）规划设计有限公司

观（图7左图）。"二环"，内环为环湖旅游路，是集车行、骑行、步行于一体的环湖绿道，主线总长42.2km，形成一条标准马拉松赛道，为市民提供休闲健身场所；外环为滨湖景观路，作为城市主干道，兼具生态屏障功能，总长38km。"六园"，即东部滨湖公园、西部郊野田园公园、西南部康体运动主题乐园、中部核心保育展示园、中南部湿地文创园和南部湿地涵养园。

（2）发展圈层推进绿色发展

重点区的生态功能开发限制区为发展圈层，总体形成大旅游、大健康、现代服务业三大产业发展方向，实现从"绿水青山到金山银山"的转换（图7右图）。东部规划发展现代服务业，重点发展总部经济、商务办公、智慧金融、智慧政务等现代服务业，西部规划发展文旅、康养产业，重点发展田园农庄和康养游乐等文旅、康养产业。

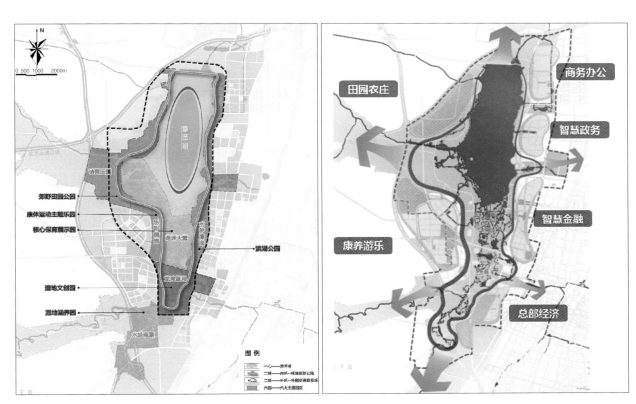

图7 景观结构（左）与产业布局规划（右）
Fig.7 Landscape structure planning (left) and industrial layout planning (right)

5 | 规划亮点

本次规划总体包括六大创新点。

（1）规划创新提出了分区域、分级别、分类型的圈层式空间管控体系。按照"底线保障+强化管控"方式建立"全流域-重点区"两区域、多层级、多类型圈层式空间管控体系。全流域建立了生态保护红线、生态控制线两级管控体系，开展多类

型生态空间保护。重点区建立了生态保育、水生态功能保护、生态管控、生态功能开发限制4级管控体系，管控级别由外向内逐级升高。同步强化保障机制，构建"全流域协同治理、全链条闭环管理"的管控模式，建立流域断面考核机制，对上游12处断面实施生态补偿；成立漳泽湖管理委员会，统

一管理，实现责权利统一。

（2）规划恰当处理了保护与发展的关系，留足生态保护空间，做优绿色发展空间。创建重点区圈层保护体系，最内三圈层为保护圈层，外圈为发展圈层，地理边界清晰，管控层次分明。保护圈层内强化生态保护，第一，实施"四退四还"，开展生态修复，保护生物多样性，实现河湖健康；第二，打造"二环六园"生态景观，内圈打造环湖绿道，创新提出建设标准马拉松赛道。外圈建设兼具生态屏障功能的滨湖景观路，六园充分考虑区域特征，分重点打造主题片区。最外发展圈层重点实施绿色发展，在设置行业准入负面清单、管控天际线等基础上，重点发展大旅游、大健康、现代服务业三大产业。通过保护圈层供给优质生态产品，为发展圈层的绿色发展赋能，实现区域保护与发展两翼齐飞。

（3）规划以水系统突出问题为导向，先行提出全流域、全过程、全要素的系统化水体治理模式。全流域开展统筹规划，全过程实施控源截污，全要素落实四水共治，实施氮磷总量控制，完善城镇污水收集处理系统，控制农业面源污染，分区治理内源污染，优化水资源配置，探索出"节水优先、优水优用、低水低用、一水多用"的利用模式，构建湖库健康水循环系统，建立水质与水动力耦合模型，保障水质达标。

（4）规划从湖体核心出发，提出"以心带线、以线谋片、节点嵌套"的全方位立体生态修复体系。构建"一心、两带、七点"的生态修复格局，构筑蓝绿交融、望山亲水的生态空间。湖体绿心增殖放流水生动物，营建水鸟栖息地，丰富物种多样性。湖滨带、防护林带统筹水深、光照等多样化生境条件，构建了水生、湿生、旱生的多层次植被群落体系。湖周依托优越的河口、湖湾地理条件，营建7处特色鲜明、功能复合的节点湿地。

（5）规划创新生态修复思路，因地制宜开展矿区修复，把"城市伤疤"修复为生态高地，转换为生态资产，带动区域高质量发展。针对湖周大面积采煤沉陷片区，结合海绵城市理念，有机衔接湖泊湿地，打造兼具水质净化、生物多样性保护、科普教育等多功能生态空间，助力滨湖区闲置空间价值提升。

（6）规划统筹考虑老城更新与新城营建，探索出生态空间优化与城市建设协调发展的新路径。综合考虑漳泽湖东西两岸特征，构建"圈层保护、西控东优"的总体格局。

6 | 结语

湖库治理是一项复杂的系统工程，通过编制本规划，总结三点体会。

（1）湖库治理需全流域综合治理，多部门联动，多专业齐心协力。湖库整治是一项系统性、综合性工作，需要全流域统筹、多部门联动，需要生态、环保、水利、景观等多专业全面配合。

（2）构建圈层管控新思路，优化保护与发展新空间。湖库治理重在处理好保护与发展的关系，通过实施圈层式空间管控，以湖为核心，塑造好湖体自身以及生态修复、景观塑造、绿色发展等空间。

（3）"绿水青山就是金山银山"。经过3年整治，漳泽湖东岸滨湖公园初见成效，形成了露营地、二十四桥、芦荻湾、气象公园、十里风荷、五彩花田、百菊园7个景观分区。2021年五一期间客流量超12万人次，已成为市民共享的绿意空间。良好的环境促使第七次山西旅游发展大会成功地在此举办，为招商引资营造了良好条件。

04 辽源市东辽河岸带生态修复工程

Liaoyuan Dongliao riparian ecological restoration project

项目信息

项目类型：专项规划
项目地点：吉林省辽源市
项目规模：滨河岸带总长度为14.27km，总面积为61.57hm²
完成时间：2021年9月
委托单位：辽源市城市基础设施建设开发有限责任公司

项目主要完成人员

项 目 主 管：王家卓
技术负责人：吕红亮
项目负责人：王欣　张明莹
主要参加人：焦秦　朱闫明子　李佩芳　羿宪伟　马静惠　鲍风宇
　　　　　　潘立爽　李文杰
执 笔 人：王欣　张明莹　许少聪

半岛荟前广场航拍图
Photos of the completed square in front of Bandaohui

项目简介

　　东辽河岸带生态修复工程是辽源市城区黑臭水体综合整治工程的补充工程。随着城镇化进程的快速推进，东辽河岸带的空间品质与功能已无法满足市民日益增长的物质文化需求，并且在黑臭水体整治工程中，截污干管的埋设也对滨河环境造成了极大的负面影响。在国家生态文明建设的大背景下，辽源市政府逐步将东辽河岸带的生态修复和更新改造提上日程。

　　项目位于吉林省辽源市龙山区，长14.27km，总面积61.57hm²，东起高丽墓桥，西至财富桥，贯穿辽源市中心城区。设计以城市更新行动八大任务中与滨河空间相关的内容为指引，准确识别东辽河滨河岸带在生态环境、防洪排涝、空间功能和历史文化等方面存在的问题，从全局视角进行系统性规划并因地制宜地提出解决措施，将东辽河岸带建设成为具有辽源特色的滨水公共空间，打造水城共融、蓝绿交织的东辽河人居山水画卷。

INTRODUCTION

The East Liao River riparian zone ecological restoration project is a supplementary project to the comprehensive improvement project of black and odorous water bodies in the urban area of Liaoyuan City. With the rapid advancement of urbanization, the spatial quality and function of the Dongliao River bank can no longer meet the growing material and cultural needs of citizens, and the burial of sewage main pipes in the black and odorous water body remediation project has also caused a great negative impact on the riverside environment. Under the background of the construction of national ecological civilization, the Liaoyuan municipal government has gradually put the ecological restoration and renewal of the East Liao River riparian zone on the agenda.

The project is located in Longshan District, Liaoyuan City, Jilin Province, with a length of 14.27km and a total area of 61.57ha, running from the Goryeo Tomb Bridge in the east to the Fortune Bridge in the west, running through the central urban area of Liaoyuan. The design is guided by the contents related to the riverfront space in the eight major tasks of urban renewal actions, accurately identifies the problems existing in the ecological environment, flood control and drainage, spatial function and history and culture of the Dongliao River's riparian zone, systematically plans from a global perspective and proposes solutions according to local conditions, so as to build the Dongliao Riverbank into a waterfront public space with Liaoyuan characteristics, and create a landscape scroll of East Liaohe Habitat with water city integration and blue and green intertwined.

1 | 项目背景

党的十九届五中全会通过的《中共中央关于制定国民经济和社会发展第十四个五年规划和二〇三五年远景目标的建议》明确提出：实施城市更新行动，建设宜居城市、绿色城市、韧性城市、智慧城市、人文城市，不断提升城市人居环境质量、人民生活质量、城市竞争力，走出一条中国特色城市发展道路。项目所在地辽源同年编制了"城市更新计划"，提出将辽源中心城区作为更新发展的核心区，以交通主干路与河流生态岸线组成的"双十字骨架"为引领，补齐基础设施与民生短板，推动城区高质量发展。

东辽河发源于辽源市，作为辽源的母亲河自东向西穿城而过，凭借其在城市空间结构、生态景观格局、历史文化脉络中的重要地位，成为修复生态环境、提升城市韧性、完善城市功能、凸显地域文化的重要抓手。然而，近年来由于缺乏科学系统规划与管控，东辽河岸带正面临诸多问题，如滨河生态空间遭到严重挤压，植被覆盖率降低，水土流失严重；城市内涝问题日益严重，东辽河水质逐年恶化；公共活动空间分布不均，交通可达性差，使用功能单一；历史文化特色消隐，城市形象缺失等。同时在黑臭水体整治工程中，截污干管的开挖埋设也对滨河环境造成了一定的负面影响。政府希望以城市更新行动和黑臭水体治理为契机，对东辽河城区段岸带进行整体改造，依托滨河岸带的整治推动城市高品质发展。

2 | 现状及问题

东辽河岸带生态修复工程是辽源黑臭水体整治工程的补充工程，其范围西起财富桥，东抵高丽墓桥，南至工农桥，总面积约为61.57hm²，滨河岸带总长度约为14.27km，跨越整个中心城区，具有防洪、排洪、景观等多种功能，然而，近年来由于缺乏科学系统规划与管控，东辽河岸带正面临诸多问题。

2.1 蓝绿空间格局破碎，滨河生态空间遭到严重挤压

辽源自古便有"五山一水四分田"之称（图1），生态基底优良，通过GIS叠加分析，识别出7处重要生态斑块（6座山体、1处湿地公园）与4条水域河道。随着大规模的开发建设，城市生态空间格局逐渐破碎，山水关系呈割裂状态，东辽河滨河生态空间遭到严重挤压，滨河绿地规模逐渐缩小并呈碎片化发展趋势，河岸生态环境日趋恶劣。

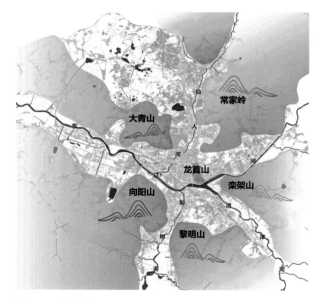

图1　现状山水格局示意图
Fig.1　Current landscape pattern

变革与创新

中规院（北京）规划设计有限公司

优秀规划设计作品集Ⅲ

2.2 城市内涝问题凸显，东辽河水质逐年恶化

近年来随着极端气候的频现，滨河道路周边频繁出现积水情况，并且由于部分滨河道路市政排水系统不完善，地表径流直排入河，严重影响了东辽河水质。

2.3 公共空间品质低下，交通可达性较差

东辽河作为辽源的母亲河，是辽源人民的情感寄托，但滨河岸带作为城与水的生态、活力纽带未能有效连接城水关系。其中，滨水空间品质不佳、功能单一等问题降低了滨河岸带对市民的吸引力；滨水慢行系统不成体系，内部园路存在断头路，且与周边城市道路的慢行空间衔接不足，影响了东辽河岸带慢行系统的可达性，市民滨河慢行体验较差，继而致使滨河岸带利用率不高。

2.4 滨水河岸特色缺失，城市文化日渐消隐

东辽河自东向西穿城而过，孕育了一代又一代辽源人，滨河岸带周边分布着诸多城市重要历史文化点，如道教文化胜地福寿宫、魁星楼，传承琵琶文化的显顺琵琶学院，代表自然山水文化的龙首山、栾架山等。然而现状岸线空间缺少与城市重要节点的呼应和联系，导致滨河岸带与城市割裂，特色不突出，城市形象欠佳。

3 | 设计思路及原则

东辽河滨河岸带生态修复工程遵循辽源"十四五"规划中"宜居辽源、绿色辽源、韧性辽源、人文辽源"的建设目标，旨在提升城市滨河风貌、提高公共空间品质，将东辽河岸带打造成具有辽源特色的滨水活力空间，形成水城共融、蓝绿交织的东辽河人居山水画卷。

针对东辽河岸带景观现存问题进行分析，以城市更新行动八大任务中与滨河区域相关的3项任务为指引，为塑造辽源市多彩生活、魅力水岸，形成水城共融、蓝绿交织的东辽河人居山水画卷，规划提出了滨河岸带景观提升思路：从国土空间角度统筹考虑，整合城市滨水岸带的空间格局，守住生态底线，保证辽源生态结构的完整性，做好区域生态基底建设；响应海绵城市、韧性城市理念，运用"渗、滞、蓄、净、用、排"等措施，提高城区防洪排涝能力；从城市功能视角精准考量，识别滨河区域在城市发展中存在的问题并加以分析，结合目标导向，改造消极滨河空间，丰富市民活动场所，增强城市活力；挖掘辽源地域文化，借助城市中现存文化资源，建设具有辽源特色的滨水公共空间，形成城市独特的景观风貌。

同时根据滨河岸带的现状建设情况，因地制宜地提出设计原则，主要分为以下两种类型：未开发的新建段和已建成的改造提升段。新建段是弥补老城区滨水空间短板的重要机遇，需要根据周边用地类型、人群类型、生态条件等因素合理布局，丰富滨水公共空间类型，完善城区功能；改造段制约因素较多，需要充分考虑周边环境和场地内堤防、地形、绿化、建筑、园路等要素，在合理利用现状要素的基础上因地制宜，提升滨水空间品质。设计时从全局视角统筹考虑，准确识别问题、系统解决，明确开发强度和改造力度，有序开发，摒弃大拆大建，坚持低碳、经济、节约的原则，打好生态基底，落实海绵城市、韧性城市理念，修复滨河岸带，并且综合考虑多元使用人群，准确定位公园功能，满足市民需求，推动城市精细化改造与精明增长。

4 | 总体设计方案

4.1 整合修复滨河绿地，保护城市水系廊道

对现状河岸及周边进行现场踏勘，识别出可用的绿地、荒地等进行系统分析，整合城市绿地，修复滨河生态系统，保护城市水系廊道，建立连续完整的生态基础设施，强化辽源中心城区"六山四水、一环一园"的总体空间结构（图2）。

4.2 完善滨河慢行体系，优化公共空间布局

滨河慢行体系规划了便捷可达的交通系统，消除了断头路，优化游线；合理布局出入口，设置坡道、台阶解决高差问题，丰富游憩体验，在增加路网密度的同时提升了场地可达性与游览舒适度（图3）。此外，根据现状识别城市重要功能地块、历史文化和自然风景资源点，将其划分为城市功能节点、历史文化节点、自然生态节点、形象风貌节点等，合理布置公共空间，覆盖周边人群的活动范围，满足市民使用需求（图4）。

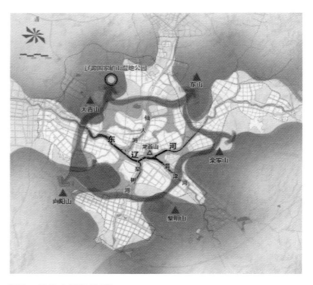

图2　总体空间结构图
Fig.2　General spatial structure

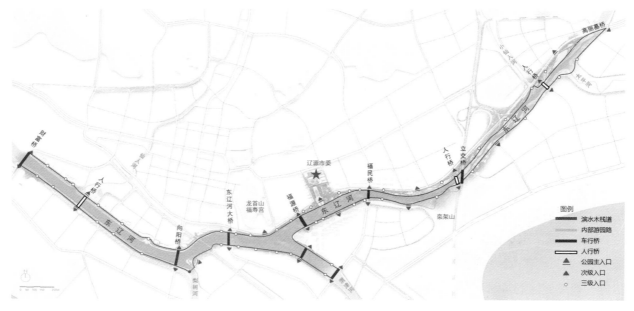

图3　滨河岸带内部交通游线图
Fig.3　Internal traffic route map of riparian zone

4.3 划分功能特色分区，丰富多元滨河体验

通过调研识别周边的绿地、公园、广场、湿地、林地等，并结合城市风貌特色、空间结构、周边用地等要素将东辽河岸带划分为4个特色片区（图5）。

（1）山水城共融的宜居水岸

人居公园西起福民桥，东至立交桥，长1.16km，面积16.1hm²。依托栾架山的自然资源，通过组织起伏的地形、广场栈桥、疏密的植物组团等景观要素，打造步移景异的山水视廊；

图4　滨河岸带节点布局图
Fig.4　Node layout of riparian zone

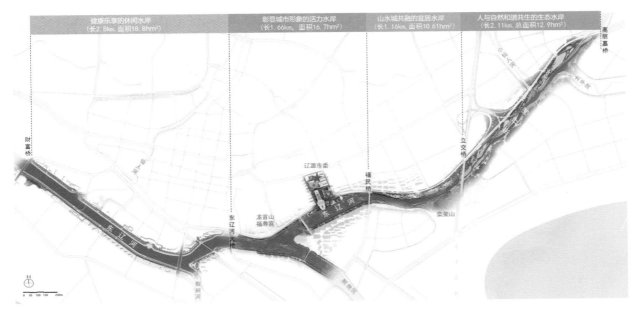

图5　滨河岸带特色分区图
Fig.5　Characteristic zoning map of riparian zone

设计人行桥连通滨水栈道和山林游径,形成连续多元的慢行步道体系;结合场地地形低洼的特征设置雨水花园以及下沉剧场,调蓄净化雨水,将现状裸地修复为植被缓冲带,提升滨水绿廊的生态功能。

(2)人与自然和谐共生的生态水岸

郊野公园西起立交桥,东至高丽墓桥,长2.11km,面积10.61hm²。设计以人与自然和谐共生为主题,利用低影响生态修复的理念打造城市郊野公园,营造多类型植物生境群落,设置室外科普课堂,提供居民认识自然、探索自然的活动场所,实现人与自然的和谐共处。

(3)彰显城市形象的活力水岸

活力水岸西起东辽河大桥,东至福民桥,长1.66km,面积16.7hm²。设计以滨水活力绿岸为主题,改造现状消极滨水空间,为市民提供多功能的室外空间,并呼应城市功能结构、彰显历史文化特色,打造活力水岸空间。

(4)健康乐享的休闲水岸

休闲河岸西起财富大桥,东至东辽河大桥,长2.80km,面积18.16hm²。周边主要为居住用地,设计以特色游憩的宜居水岸为主题,改造台阶坡度,增设栏杆扶手,为居民提供连续、便捷可达的双层滨水步道,同时增加运动标识,串联尺度宜人的滨水小广场和丰富变化的绿地空间,打造宜居健康的休闲河岸。

4.4 合理布置海绵设施,调蓄净化地表径流

对滨河绿带进行海绵化改造,合理布置海绵设施,有效过滤净化地表径流(图6)。由于西侧老城区场地内现状地形和乔木等因素的限制,海绵设施主要布置在东侧新建片区,福民桥—高丽墓全园总计设置多处海绵设施,总面积12.5hm²,可调蓄净化雨水37000m³;滨河绿地大部分绿地空间具有雨水净化、植被缓冲作用,设计中多选择具有耐水湿、耐旱等特性的品种,如千屈菜、黄菖蒲、马蔺、萱草等地被,以及红瑞木、水曲柳、郁李、白榆等乔灌木,同时注重植物搭配与城市绿地景观之间的协调性,兼具雨洪调蓄、休闲游赏等功能,融合生态价值与景观价值。

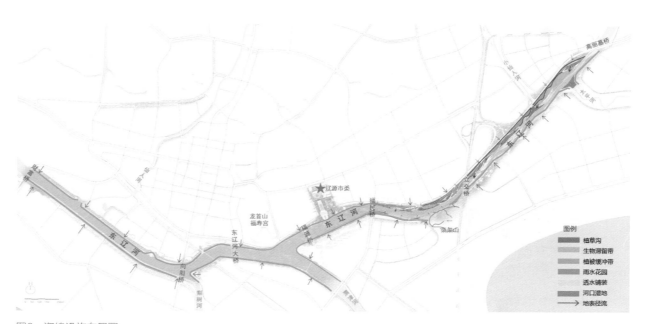

图6 海绵设施布局图
Fig.6 Sponge facility layout

5 | 设计亮点及建成效果

5.1 合理配置乡土物种，推进低干扰生态修复

针对东辽河岸带面临的生态结构单一、生态设施不完善、植被覆盖率低等问题，提出相应修复思路：选择地域乡土树种，以及浆果类、蜜源类、蜂源类植被类型，形成乔灌草复合群落配置，营造林地、草地、湿地多种生境，涵养水源，增加生物多样性。具体可分为以下3种类型。

（1）场地规模较大、限制条件较少的区域

设计多类型生境，例如，在临路侧区域设置生态防护林，发挥植被缓冲作用；在疏林灌草区域，优先选择浆果类小乔木、灌木等吸引鸟类，丰富植被群落、增加生物多样性，提高滨河岸带生态系统稳定性。

（2）空间限制较大的建成区域

优先连通慢行系统，补植乔木，合理搭配灌木、地被，在城市中创造便捷自然的绿地系统。

（3）生态环境较佳的自然山体区域

坚持保护优先、低干扰设计原则，通过配置阔叶乡土树种，改善生态结构单一的常绿林，增加生态林地的多样性。

5.2 布置多功能海绵设施，打造自然教育户外课堂

以生态文明示范的人居公园为例，对于部分位于市政道路和堤岸之间的低洼地，项目秉持海绵城市、韧性城市理念，设计植被缓冲带净化地表径流，利用低洼地设置下沉剧场，塑造调蓄空间。设计后此处剧场最大高差达3.5m，平均深度1.5m，下沉面积约1.9hm²，平日作为功能性活动场地以丰富市民生活，雨天可临时蓄积雨水，缓解城市内涝，蓄积量达28000m³，并且在内部设置景观栈桥，保证雨天市民通行，从而实现平日可游赏、雨天保平安、旱涝两宜的效果（图7～图9）。

为缓解市政路雨水径流污染，将道路客水有组织地引入公园内的海绵设施，利用植草沟收集、传输雨水，经植被缓冲带进入生物滞留池和雨水花园进行渗透、净化，最终雨水可通过智能分流井进入河道或直接排入城市排水管网，有效改善地表径流直接排入河道带来的水质污染问题（图10）。

同时设计结合附近的生物滞留带和雨水花园，设计市民可停留观景的立体休闲场所。休闲阶梯作为连接堤顶路与下沉绿地的重要交通节点，设计时扩大台阶宽度，复合休憩使用功能，设置标识系统等设施使之成为科普教育的户外课堂。

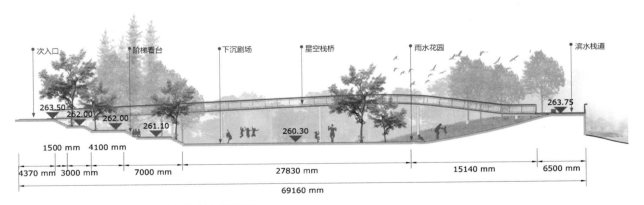

图7　利用现状低洼地设计丰富空间体验的下沉剧场
Fig.7　Utilizing the existing low-lying design theater to enrich the spatial experience

图8 休闲阶梯广场建成实景
Fig.8　Photo of Leisure step square

图9 景观栈桥建成实景
Fig.9　Landscape trestle built photo

图10 海绵设施建成实景
Fig.10　Photo of sponge facility completion

5.3 统筹考虑城河关系，激发滨水空间活力

　　高质量滨河空间应综合考虑城市空间结构、周边用地功能等因素，预留城市未来发展空间，融合市民日常生活，推动周边城区发展。

　　现状滨河岸带红线范围局限于滨河步道和绿化带区域，与周边用地缺少有效互动，空间模式较为单一。例如，根据调研了解玉圭园小区北侧的滨河道路为断头车行道，仅为小区次入口服务，使用率较低，经多方论证将目前规划的车行道改为步行道，并与公园滨河岸带统筹考虑，因此将红线范围延伸至小区外侧建筑底商，形成滨河步道与商业广场相结合的空间布局，从而扩大公共空间面积，完善公共空间类型，丰富市民活动方式。

5.4 改造提升消极场地，增加公共活动空间

由于东辽河滨河公共空间缺乏系统规划，滨河岸带功能布局不合理，空间品质较差，基础设施不健全，存在多处消极场所。

位于辽源城区核心地段的滨河广场空间，改造前被大面积停车场占用，杂乱无序，活力低下，改造后，将停车位移至广场两侧，在满足停车需求的前提下腾留出整块滨河活动场地，设置绿地活动场所，增添公共服务设施，从而提升该片区环境舒适度，激活空间活力（图11）。

5.5 合理布置入口，提高交通可达性，丰富游园体验

合理布置出入口位置，利用坡道结合台阶的方式处理入口高差；结合滨河岸带宽度，丰富园路类型（图12）；依据实际需求将现状2.5m宽滨河步道拓宽至4m，提升市民滨水活动体验（图13）。

5.6 加强历史文化保护，塑造地域景观风貌

针对东辽河岸带缺少风貌管控、未体现地域文化与城市特色的问题，设计从塑造景观风貌视角出发，关注城市重要节点，尤其是河道与城市轴线、山水资源、历史文化区交会位置，作为重要设计空间，深入挖掘辽源地域文化元素，建设具有辽源特色的滨水景观界面。其中，坐落于龙首山上的华夏玄门第一楼魁星楼和东北最大的道观之一福寿宫，是辽源城市中的视觉焦点，设计综合考虑河道宽度、轴线关系、礼制秩序等因素，延续城市轴线，拓宽滨水广场，塑造多条景观视廊，打造辽源市滨河景观名片（图14）。

自然山水是城市滨河风貌的重要组成部分，在视线、游线设计中，运用对景、借景等手法，通过修建星空栈桥纳入真山真水，彰显辽源自然山水之美（图15）。

图11 滨河岸带公共活动空间实景
Fig.11 Photo of public event space on the riverfront

图12 慢行步道及岸带入口建成实景
Fig.12 Photo of the completion of the jogging trail and shore entrance

图13 滨河木栈道改造策略及前后对比图
Fig.13 Reconstruction strategy of riverside boardwalk and comparison effect drawing

图14 半岛荟广场借景魁星楼
Fig.14 The Peninsula Plaza borrows the scenery of the Kuixing Tower

图15 借景栾架山的星空栈道
Fig.15 The starry plank path borrowed scenery of Luanjia Mountain

6 | 结语

目前，作为生态文明示范的人居公园、城市形象的活力水岸、健康宜居的休闲河岸项目已经竣工完成，建成后的东辽河滨河岸带已成为市民最爱的休闲活动场所之一，不仅有单位党建、团体健步走、大型广场舞、才艺比赛等类型多样的团体活动，也有市民自发组织打球、舞彩带、滑轮滑、骑单车等丰富多彩的日常运动（图16），同时优美的自然风光和独具地域特色文化广场等也吸引市民驻足游憩、拍照打卡（图17）。如今的东辽河滨河岸带已成为名副其实的城市客厅，更是辽源市政府展示城市特色风貌的窗口之一。

图16　丰富多彩的市民日常活动
Fig.16　Colorful daily activities of citizens

图17　生态科普及地域文化展示
Fig.17　Ecological science popularization and regional culture display

05 邯郸市两高湿地公园设计
Design of Lianggao Wetland Park, Handan City

▌ 项目信息

项目类型：专项规划
项目地点：河北省邯郸市
项目规模：8hm²
完成时间：2021年6月
委托单位：邯郸市园林局

项目主要完成人员

项 目 主 管：王家卓
技术负责人：吕红亮
项目负责人：王欣　侯伟
主要参加人：马静惠　潘立爽　李佩芳　鲍风宇　李婷婷　张浩浩
执 笔 人：王欣　侯伟　许少聪

两高湿地公园鸟瞰
Bird's-eye view of Lianggao Wetland Park

▌ 项目简介

　　在全球气候变化、我国城镇化进程快速发展的时代背景下，城市正面临着内涝问题频发、水环境恶化、生态环境退化、基础设施改扩建困难等诸多问题，如何在有限的城市用地空间内高效蓄排雨水，有效改善水环境、提升水生态、打造水景观，避免邻避效应，提高城市韧性和人居环境品质，被越来越多的城市建设者所重视。两高湿地公园项目从实际问题出发，从系统化、全局化的视角实现了绿色生态、雨水蓄滞、水质净化、活力开放四大目标，落实了水进人退、水退人进、旱涝两宜的建设理念。

▌ INTRODUCTION

In the context of global climate change, with accelerated urbanization of China, Chinese cities are faced with a number of problems, such as frequent waterlogging, water environment deterioration, ecological environment degradation, and great difficulty in infrastructure reconstruction. It has increasingly become the focus of urban development to efficiently store and discharge excessive rainwater in the limited urban space, effectively improve the water environment and water ecology, create water landscape, avoid the NIMBY effect, and promote urban resilience and quality of human settlements. To solve these problems, from a systematic and global perspective, the Lianggao Wetland Park project realizes the construction of a green, ecological, open, and vigorous space performing the functions of rainwater retention and water purification, which demonstrates the construction concept of achieving a balance between water ecology and human activities by providing water to solve drought and storing water to control flood.

1 | 项目背景

　　2018年9月住房和城乡建设部、生态环境部联合印发《城市黑臭水体治理攻坚战实施方案》，提出要坚持生态优先、绿色发展，全面整治城市黑臭水体，加快补齐城市环境基础设施短板，让人民群众拥有更多的获得感和幸福感。2018年10月，邯郸市入选国家第一批黑臭水体治理示范城市，并由中规院（北京）规划设计有限公司生态市政院承担邯郸市城市黑臭水体治理系统方案及技术设计咨询服务工作（简称"系统方案"）。

　　在邯郸市需要治理的水体中，邯临沟流域问题尤为突出且由来已久，河道水体黑臭，城市内涝频发，在上位排水规划中，邯临沟流域需调蓄雨水量达到10万m³。系统方案经过分析，提出以控源截污、内源治理为基础，活水保质、生态修复为辅助，长效管控为保障的整体解决策略，邯临沟水体可消除黑臭，需调蓄的雨水量降至1.3万m³。

　　邯郸市两高湿地是满足该流域雨洪调蓄和水质净化要求的生态修复示范项目。项目位于邯临沟流域主城区下游，邯临公路和京港澳高速交会处，红线总面积8hm²（图1）。从区域视角上看，场地位于邯郸市东部的生态廊道上，是城市建设区和京港澳高速之间生态绿地的一部分，能够起到降尘、减噪、生态踏脚石等诸多作用。但现状该区域生态环境状况较差，如场地历史上的若干坑塘已大部分被填埋、建筑垃圾和弃土随意堆放、场地功能单一、海绵韧性不足等，两高湿地公园的建设已迫在眉睫。

图1　两高湿地区位示意图
Fig.1　Site location

2 | 设计总体方案

　　设计方案从现状问题出发，以"整体统筹、精准施策、经济合理、美观大方"为设计原则，确定了"绿色生态、雨水蓄滞、水质净化、活力开放"四大目标，以及"建成与自然友好相处、与邻里相互为伴、具有净化和自净能力的湿地公园"的设计愿景。方案在前瞻性方面，以基于自然的解决方案，强调人与自然的和谐共生，符合"绿色发展、韧性城市、生态城市、美好人居"的城市发展目标，以实践探索应对气候变化的韧性策略，为邯郸市生态基础设施建设提供经验；在系统性方面，反映了当前生态基础设施建设所要面临问题的多面性，横向上需要多专业协同合作，采用系统性思维、发展性视角来分析和应对，纵向上需要从设计、建造到运营、管理、维护通盘考虑，整体形成系统性、全生命周期的综合解决方案。

　　本项目的难点和关键点是如何权衡四大目标，并将其有机结合，实现成本效益和用地效益最大化。方案从现状问题严重程度、项目发挥的功能作用、资金使用等方面,赋予各个目标不同的权重和指标定量。生态基底修复是根本,通过恢复安全健康的场地本底,实现场地无害化、生态化;雨水蓄滞是核心,成本低、效益大,利用弹性的蓄滞空间达到总体布局中对蓄滞量的要求;水质净化是示范,通过小规模建设带动其他湿地项目,逐步达到整体改善水环境的目标;活力开放是外延,通过景观化、艺术化的空间设计,实现蓝、绿、灰融合,有效避免邻避效应,将四大目标融合落地(图2)。

设计方案功能分区包括前置塘、挺水植物塘、水平潜流湿地、表流湿地、山地微丘、隔离防护等若干片区,空间布局上藏灰、露绿、显蓝(图3)。人工湿地因需要方便引水且限制游人进入,因此邻邯

临沟紧凑布置;表流湿地布局在场地南部,方便游人使用;微丘地形位于场地中部,起到保护现状燃气和给水干管、分隔通透的纵向空间以及形成视觉焦点的作用,也是实现土方平衡的主要手段;场地东西两侧设置隔离防护区,利用地形和植被营造内向园林空间、降低空间干扰,也解决一定土方问题。

园路系统方面,园区设置3级路网(图4)。环湖约3km的散步道,也是蓄滞区的边界,高蓄水位时仍可保障通行安全。园路铺装主要采用透水混凝土、透水砖、木栈道、青石板碎拼等形式。主入口设置在公园南侧,顺接外部道路,西北侧设置次入口;机动车停车位10个,非机动车停车位24个,分别设在南入口两侧,满足入园停车需求。

图2 公园总平面图
Fig.2 General layout of the park

图3 功能分区图
Fig.3 Functional zoning

图4 交通分析图
Fig.4 Park road system

3 | 特色与亮点

3.1 推进生态修复工程,恢复绿色生态基底

针对土壤裸露、坑塘填埋、生态退化等问题,设计从湿地修复、植被修复、栖息地营造3方面入手,恢复良好的生态本底。

湿地修复方面,保留坑塘低洼区,恢复已被填埋的水域,塑造完整、连续的湿地水网系统,并结合观赏、游憩等景观需求优化空间形态。此外,精细化组织场地竖向,地表径流经植被缓冲带净化后

再汇入水域。

植被修复方面，将生态学、环境学和园林美学三者结合，综合考虑植物的生态功能、环境效益、景观效果。植物品种选择力求养护管理经济简便，寿命长，并且有较强的水质净化能力，因此湿地区域有针对性地选用了氮磷去除能力强的植物如芦苇、花叶芦竹、黄菖蒲、菖蒲、大花美人蕉、粉美人蕉、香蒲、再力花、雨久花、梭鱼草、泽泻、水葱、千屈菜等，以及沉水植物如矮苦草、轮叶黑藻、轮叶狐尾藻等。

栖息地营造方面，主要针对鸟类、鱼类进行设计。主水面宽度设计为50~70m，适合游禽起降、涉禽捕食等习性。为保障野生动物的栖息地质量以及冬季冰面下水体流动，约30%的水域设计为0.3m以下的浅水区，30%的水域水深达到2m。湿地岸坡的坡比控制为1∶3~1∶5。通过提高岸线蜿蜒度、湿地内部微地形，增加可供鸟类筑巢和栖息的场所。滨水区域植被空间采取疏密结合的方式，为鸟类提供良好的隐蔽、休息和捕食空间，滨水缓坡草地是鸟类良好的饮水、捕食的区域。在水岸适当种植遮阴乔木，为鱼类提供阴凉的水域环境，采用生态岸坡，促进水土交换，也为鱼类提供繁殖产卵和栖息的空间。

3.2 设置雨水蓄滞空间，提高雨洪调蓄能力

蓄滞区设计以"水进人退、水退人进"为指导，将雨洪蓄滞区与绿色开放空间相结合，旱天开放空间承担居民休闲活动功能，雨天则发挥雨洪蓄滞功能。雨水蓄滞空间除了具有提高调蓄能力、削减径流峰值、抵抗雨洪冲击等功能外，对减少碳排放、雨水净化、美化环境、节约投资等也有突出表现。

两高湿地的调蓄空间包含生态滞留塘、挺水植物塘、湿地湖区3个部分，设计了两种情景的调蓄模式（图5、表1），既能利用小范围空间满足小规模调蓄要求，也可利用全园水域空间达到整体调蓄指标。

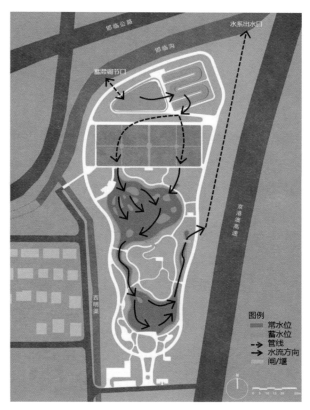

图5 蓄滞流程图
Fig.5 Flow process of water storage

排涝蓄滞系统情况表　　　　　　　　　　　　　　表1
Situation of drainage and storage system　　　　**Tab.1**

指标 \ 位置	生态滞留塘、挺水植物塘	湿地湖区
常水位（m）	52.0（小雨和大雨预警时提前降低至51.0）	53.0（大雨预警时提前降低至52.3）
蓄水位（m）	53.0	52.9
常水位容积（m³）	2400	10500
预降水位后容积（m³）	300	8500
蓄水位容积（m³）	6300	15500
调蓄量（m³）	6000	7000

情景1：根据降雨和邯临沟的排涝能力，当邯临沟水位达到51.1m时，开启进水闸门，利用生态滞留塘、挺水植物塘调节洪峰流量，并通过闸门自流进水，调蓄最高水位可达53.0m，调蓄量约6000m³。

情景2：当生态滞留塘、挺水植物塘达到调蓄容量时，湿地湖区开启调蓄，为保证潜流湿地不被堵塞，通过管道跨越，使潜流湿地不参与调蓄。湿地湖区调蓄水位为52.9m，调蓄雨量约7000m³，总调蓄规模可达1.3万m³。湿地湖区达到调蓄水位时，关闭进水闸门。

峰值过后，调蓄水量24小时内通过闸门排入邯临沟，各调蓄区恢复至常水位工作。

3.3 建设复合净化湿地，发挥生态净化功能

方案通过对比多种人工湿地特点，结合场地的实际情况，选用水平潜流人工湿地和表流湿地相结合的净化手段。水平潜流人工湿地保温性能较好，污水不暴露于空气，且受低温季节的影响较小，更适用于邯郸的气候条件。本方案湿地组成部分主要包含生态滞留塘、挺水植物塘、水平潜流人工湿地、污泥干化池、表流湿地，设计日处理污水规模达2000m³（图6）。

邯临沟取水经泵站提升后首先进入生态滞留塘进行沉淀及预处理，以降低进入水中的SS浓度，防止挺水植物塘淤积及潜流湿地填料阻塞，运行水深1.5m；之后流入挺水植物塘，此处水力路径以地表流动为主，运行水深0.5~0.6m；经过挺水植物塘处理后的水再进入水平潜流人工湿地，水力停留时间1.5天。潜流湿地由两组8个基质填料床组成，床体主要填充砻苞岩，底层和表层以砾石隔离，床底铺设防渗层，防止污水污染地下水。潜流湿地表层的挺水植物，其根系会深入到1.2m填料层中，与填料交织形成根系层，起到截留过滤的作用，并且为填料层中输送氧气。潜流湿地出水进入表流湿地及湖区，通过挺水植物、沉水植物、土壤

吸附过滤进一步去除污染物，水力停留时间5~6天；最终处理后的水部分用于回用，其余回补邯临沟。

人工湿地运行方面，考虑到河道引水水质可能受到外界影响而波动，方案设计了3种运行模式（表2、表3）。

工况1：邯临沟取水水质符合"常规处理水质指标"，处理规模2000m³/d，取水经泵站提升后依次进入生态滞留塘、挺水植物塘、潜流人工湿地处理，达到出水水质要求后排入景观湖区。

工况2：邯临沟来水水质劣于常规处理水质指标、但优于可处理水质上限，处理规模小于2000m³/d，处理流程同工况1。

工况3：来水水质劣于可处理水质上限，则暂停从邯临沟取水，改为内循环工况，即从景观湖区取水后进入人工湿地处理，处理规模小于2000m³/d，达到出水水质要求后再排入景观湖区。

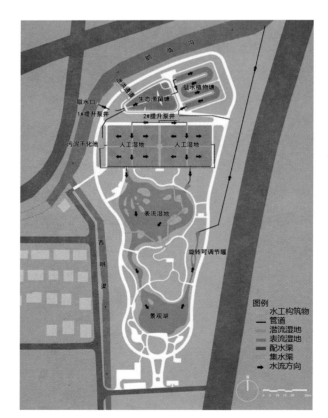

图6　净化流程图
Fig.6　Flow process of wetland purification

变革与创新　中规院（北京）规划设计有限公司　优秀规划设计作品集Ⅲ

水质净化工程进出水水质指标限值　　表2
Water quality indicator limit of incoming and outgoing water　　Tab.2

指标	BOD	COD	SS	NH₃-N	TP
常规处理水质（mg/L）	20	60	20	8.0	1.0
可处理水质上限（mg/L）	40	100	40	15.0	3.0
出水水质（mg/L）	10	40	10	2.0	0.4

潜流湿地运行模式表　　表3
Operation mode of constructed wetland　　Tab.3

工况	进水水质	处理水源	处理构筑物	处理水量（m³/d）	出水排放水体
1	不劣于常规水质指标	邯临沟	生态滞留塘-挺水植物塘-潜流人工湿地	2000	景观湖区，最终排入邯临沟
2	劣于常规处理水质，优于可处理水质上限	邯临沟		<2000	
3	劣于可处理水质上限	景观湖水体	潜流人工湿地	<2000	

本设计在进水端（配水井及提升泵）设置水质在线监测设施，根据来水水质情况对设计工况进行调控。

3.4 统筹考虑人水关系，打造活力休闲空间

以湿地游览、湿地科普、雨水管理和水资源回用为主题，湿地公园将生态修复、雨洪蓄滞、湿地净化巧妙地融合到景观中，为市民提供休闲、游赏以及科普教育场所。

湿地游览方面，公园设置了生态岛湿地、杉影溪、樱花溪、小径微丘、秘境花园等活动场所，为周边居民提供游玩、赏花、亲水、探秘等活动空间。其中，生态岛湿地处部分架设木栈道，结合植物疏密种植，形成悠闲自在的亲水漫步空间，其余湿地岛不设置游览路径，作为野生动物的栖息地（图7）；杉影溪衔接南北两个主水面，利用秀美树干夹峙曲岸窄溪，为游人带来幽静深邃的空间感受（图8）；樱花溪位于出水口末端，打造繁花锦簇、滨水寻芳的季节性景观；小径微丘是园中央的制高点，在山顶平台可纵览全园，以缓坡草地搭配红叶林、常绿植物，形成多季可赏的自然式主景（图9）；秘境花园是点缀于园中的休闲场地，采用巢格碎石、碎拼等透水铺

图7　生态岛湿地实景
Fig.7　Eco-island wetland

图8　杉影溪实景
Fig.8　Woods shadow stream

图9　小径微丘实景
Fig.9　Trail winding on mounds

图10　潜流湿地出水口
Fig.10　Constructed wetland outlet

图11　透水地面及雨水导流槽
Fig.11　Permeable ground and
rainwater diversion channel

变革与创新

中规院（北京）规划设计有限公司
优秀规划设计作品集Ⅲ

装，促进雨水自然下渗，作为海绵科普教育场所使用。

湿地科普方面，针对湿地净化机制、净化工序、净化效果、净化植物材料选择等方面进行展示。园区布置科普标识牌，管理服务办公室设置多功能展厅，可播放湿地科普宣传片和公园介绍短片等；湿地的进出水位置均安装水质监测系统，实时监测氨氮、总磷和pH值，部分水体水质监测则需要定期人工送检，相应数据也会在多功能展厅电子屏上显示。此外，为了让游人切身体验水质的变化，湿地进出水口位置设计了相应的停留空间，出水口位置利用高差设计小型叠水，在增加水中溶解氧含量的同时丰富游赏体验（图10）；出于人身安全和运维保障的考虑，生态滞留塘、挺水植物塘等区域则采用限制停留和限制进入的方式，大部分区域采用绿化进行隔离。

雨水管理方面，方案采用了透水混凝土、透水砖、植草沟、植被缓冲带等，提高雨水在园区的自然转输、自然积存、自然净化的过程（图11）。水资源回用方面，净化后的水一部分回补邯临沟，改善下游的生态用水补给，另一部分则用于园区的绿化灌溉、路面清洁和厕所冲洗，必要情况下，也可适当为周边地区提供一定的市政绿化用水，提高水资源利用率。

4 | 实施效果

两高湿地公园于2019年底动工，湿地主体部分于2020年底基本完成，绿化工程在2021年5月完成，如今已是一幅水清岸绿、生机盎然的湿地景象。

2020年底，湖面已出现野鸭等动物，生态状况明显好转，湿地公园也已成为周边居民日常休闲的好去处。2021年雨季，两高湿地公园运行调蓄两次，周边内涝情况明显缓解。随着系统化方案工作的推进，邯临沟水质逐步改善，2023年3月两高湿地出水水质监测数据显示，氨氮为0.2~0.8mg/L，总磷为0.01~0.06mg/L，达到地表水环境质量准Ⅲ类标准。

5 | 结语

两高湿地项目通过多专业协同合作，从系统化、全局性视角解决了实际问题，并将城市边角地转变为安全、集约、优美的湿地公园。项目主要采用绿色生态化的工程措施，其投资成本、运营成本都远低于原调蓄池方案。而且，绿色设施具有随着时间不断生长的特征，经得住时间维度的考验，随着时间的推进，其功能和价值也会不断提高。从投资回报角度，不仅城市管理受益，还具有促进社会交流、公共教育、全民健康的普惠效益。

截至目前，规划设计团队仍在不断跟进，以便充分研判建设效果，使落地项目更好地发挥建设效益，为邯郸市其他同样类型项目提供经验，发挥示范作用。

导言

城市水体承担着城市生态环境维护和洪涝安全保障的功能，同时也是公众亲水娱乐、亲近自然的重要载体，良好的水生态环境质量可以有效地提升城市环境的舒适感和宜居品质。近年来，随着我国城镇化的快速推进，城市水环境遭受超过其自净能力的污染负荷，加之排水基础设施建设滞后、效能不高，很多城市存在不同程度的水环境恶化问题，一些城市出现普遍性或季节性水体黑臭问题，显著影响了城市人居环境品质。习近平总书记在党的十九大报告中指出，新时代我国社会的主要矛盾已经转化为人民日益增长的美好生活需要和不平衡不充分的发展之间的矛盾，我们认为，"清水绿岸、鱼翔浅底"的城市水环境便是美好生活的重要体现。党的二十大报告对城市水环境治理作出重大决策部署，要求统筹水资源、水环境、水生态治理，推动重要江河湖库生态保护治理，基本消除城市黑臭水体。因此，如何科学制定顶层设计、统筹"三水"协同治理、提高资金能效、系统实施水下和岸上治理措施，最终实现"长制久清、人水和谐"，成为行业的热点和难点之一。

中规院（北京）规划设计有限公司生态市政院自2019年成立以来，就将城市黑臭水体系统整治、流域水环境综合治理等领域作为业务重点，组织技术骨干多次参加了住房和城乡建设部、生态环境部等国家部委组织的科研课题研究和政策制定的技术支撑工作，多次参加两部委组织的城市黑臭水体整治专项督查行动，在厦门、武汉、南宁、海口、银川、长治、十堰、信阳、辽源等几十个重点城市和国家黑臭水体治理示范城市承接了规划方案设计和全过程技术咨询工作。在习近平生态文明思想的引领下，生态市政院秉承"综合治理、精准治理、系统治理"的工作原则，为很多城市水环境治理工作提供了强有力的技术支撑，在城市水环境综合治理规划设计领域积累了丰富的经验，培养了一批年轻有为的技术骨干力量。

本篇介绍的6个案例选取了我国东西南北不同气候不同降雨特点和山地丘陵、滨江沿海等不同自然地理特征的城市，以及省会城市、计划单列市、县级市等不同发展水平的城市作为代表，详细介绍了生态市政院近年来在水环境治理领域的优秀作品，包括了规划编制、系统方案制定、全过程技术咨询服务等不同项目类型。这些优秀项目在城市排水管网建设改造、合流制系统雨天溢流控制、水体生态修复、系统化实施方案制定方法、"全过程、伴随式"现场技术咨询服务模式等行业热点和难点方面，作了富有成效的探索和实践，可以为行业水环境治理领域规划设计和技术咨询提供经验借鉴。

第二篇

水环境综合治理

Comprehensive Improvement of
Water Environment

06 南宁市水环境综合治理全过程技术咨询

Whole-Process Technical Consultation for Comprehensive Improvement of Water Environment in Nanning City

▎项目信息

项目类型：专项规划
项目地点：广西壮族自治区南宁市
项目规模：南宁市主城区建成区326.7km²
完成时间：2020年12月
委托单位：南宁市城市内河管理处

项目主要完成人员

主 管 总 工：黄继军
项 目 主 管：王家卓
技术负责人：任希岩
项目负责人：熊林　王雪
主要参加人：唐宇　王明宇
执 笔 人：熊林　王雪　唐宇

▎项目简介

　　南宁市自然条件优越，素有"中国绿城"之美誉，但是由于历史原因，基础设施短板明显，城市黑臭水体问题突出。南宁市委市政府以"治水、建城、为民"为城市工作主线，高度重视城市黑臭水体治理工作，2019年南宁市成功入选第二批国家黑臭水体治理示范城市，市委市政府希望以黑臭水体治理示范城市建设为契机，进一步加快推进治理工作。项目组根据南宁市黑臭水体治理的有关要求和建设现状，坚持目标与问题双导向，通过摸清现状底数、排查主要问题、制定实施方案、严格设计审查、指导施工现场、完善长效机制等，从规划、设计、建设、管理等各个阶段提供全过程技术咨询服务，助力南宁市建成区黑臭水体全面消除，城市水环境质量得到明显提升。

▎INTRODUCTION

With superior natural conditions, Nanning City is known as the "Green City of China". However, due to historical reasons, the city has obvious problems such as aging infrastructure and black and malodorous water bodies. The municipal government of Nanning takes "renovating the water, developing the city, and serving the people" as the focus of urban work and pays high attention to the treatment of urban black and malodorous water bodies. In 2019, Nanning City was successfully selected as one of the second national demonstration cities for the treatment of urban black and malodorous water bodies, and the municipal government hoped to take the national demonstration city construction as an opportunity to further promote the treatment of black and malodorous water bodies. According to relevant requirements and current situation, the project team, being problem-based and goal-oriented, made efforts to identify the main problems, formulate the implementation plan, strictly examine the design, provide guidance on the construction site, and establish a long-term work mechanism. In such a way, the project team provided whole-process technical consultation from planning, design, construction, to management. Through this project, the black and malodorous water bodies were fully eliminated, which significantly improved the quality of urban water environment in the built-up area of Nanning City.

1 | 项目背景

黑臭水体是突出的城市水环境问题，整治黑臭水体是贯彻党中央污染防治攻坚决策部署的必然要求，是改善城市水环境质量的客观需要，也是人民群众的殷切期盼。2018年5月，习近平总书记在全国生态环境保护大会上强调，要基本消灭城市黑臭水体，还给老百姓清水绿岸、鱼翔浅底的景象。

南宁市地处我国西南边陲，是广西壮族自治区首府，降雨量充沛，年平均降雨量1298mm。主城区位于邕江河谷盆地，邕江穿城而过，现状河流水系丰富，有内河18条，建成区面积约326.7km²。

2015年南宁市建成区普查发现有38个河段属于黑臭水体，总长度99.4km，总面积1.41km²。2015年以来，南宁市全面推进黑臭水体治理工作，取得了阶段性治理成效，但仍然未能彻底根治。2018年生态环境部黑臭水体整治专项督查指出，南宁市黑臭水体整治存在临时性设施使用普遍而缺乏运行监管、控源截污措施未有效落实、沿河垃圾治理不到位等问题。2019年南宁市入选第二批国家黑臭水体治理示范城市，要求示范期末建成区内全部消除黑臭水体（图1）。

黑臭水体治理涉及多个部门，要求多专业协同，其技术内容比较复杂，系统性强。为了提高黑臭水体治理成效，高水平完成国家黑臭水体治理示范建设，南宁市城市内河管理处委托中规院（北京）规划设计有限公司组建技术咨询团队（以下简称"咨询团队"）为南宁市黑臭水体治理提供全过程技术咨询服务。

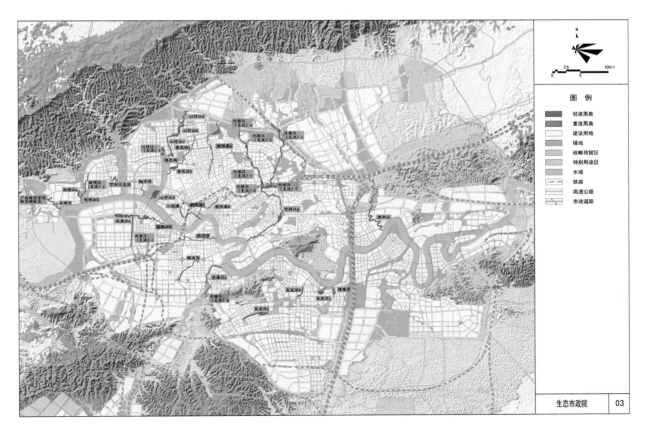

图1　南宁市建成区黑臭水体分布图
Fig.1　Distribution of black and malodorous water bodies in the built-up area of Nanning City

2 | 目标和思路

根据黑臭水体治理的国家政策要求和南宁现状情况，围绕排水体制、排水管网、排水设施、排口分布、河流水系等深入开展现状调查，排查城市排水系统存在的关键问题，分析城市水体黑臭的主要成因。以流域为单元，按照"控源截污、内源治理、生态修复、活水保质、长制久清"的总体思路制定系统化实施方案。以实施方案为顶层指导，在规划、设计、建设、管理等各个阶段，通过优化治理措施、细化技术路径、解决技术问题、纠偏工作思路、完善长效机制、总结成效经验等方面提供全过程技术咨询和把控，实现国家黑臭水体治理示范城市建设目标。

3 | 主要内容

3.1 深入开展调查，准确识别关键问题

南宁市建成区黑臭水体分布在13个内河流域，治理任务重、难度大。而且现状污水系统比较复杂，共有污水分区55个、污水管网1320km、污水泵站38座。在时间和资金有限的情况下，为全面消除黑臭水体，咨询团队进驻现场后，以排水管网普查数据为基础立即深入开展现状调查，综合采取部门座谈、河道踏勘、数据分析等方式，摸清了现状底数，准确识别了水体黑臭的关键成因（图2）。

一是污水处理厂建设滞后，处理能力明显不足。截至2018年底，主城区旱天污水排放量约93万t/d，进入管网系统的外水量约62万t/d，而污水处理厂总处理规模仅97万t/d，污水处理能力严重不足，大量污水以各种方式进入内河。虽然已投入使用30余座一体化临时污水处理设施，但污水处理能力仍有缺口，且临时污水处理设施运行不稳定，污水处理不达标，存在重大隐患。

二是管网系统不完善，污水未能有效收集。据统计，未敷设污水管道的市政道路共有800余公里，污水管道断头点位共有400余处，雨污水管道错混接点多达8545处。此外，污水管道还存在错位、封堵、脱节、破裂等各类结构性和功能性缺陷，平均每7～8m就有1处缺陷点。

三是合流制管网建设标准低，雨天溢流现象突出。建成区现状合流制片区面积多达132km²，占建成区面积的40%，合流制管网的截流倍数偏低，仅为1.3左右。合流制管网雨天污水溢流频繁，年溢流频次达50～60次。

四是部分河道淤积较严重，存在内源污染。朝阳溪、亭子冲、黄泥沟、那平江等多个黑臭河段均存在不同程度的河道淤积问题，且未开展清淤或清淤不彻底，普遍存在底泥上翻的情况，对河道水质造成严重影响。

图2　咨询团队深入开展部门座谈和河道踏勘
Fig.2　In-depth departmental discussion and river investigation by the consultation team

变革与创新　优秀规划设计作品集Ⅲ　中规院（北京）规划设计有限公司

3.2 坚持系统思维，制定治理实施方案

在摸清现状、找准问题的基础上，咨询团队按照"控源截污、内源治理、生态修复、活水保质、长制久清"的总体思路，以流域为单元，"一河一策"制定系统实施方案。

控源截污方面，一是提高污水处理能力，统筹近远期污水处理需求，详细测算水量，共新建8座、扩建4座污水处理厂，新增污水处理能力86万t/d，实现污水有效处理；二是加快建设完善污水管网，补建污水管网300余公里，打通污水管断头点400余处，实施错混接点改造8000余处，并对108个重点排口截污纳管，提高污水收集水平；三是有序推进外水排查整治，主要包括排水管网缺陷修复、河湖水倒灌排口整治、施工场地降水整治、自来水漏损整治等，实现污水处理提质增效；四是整治"小散乱污"200余家，全面清理沿河畜禽养殖200余户，控制生活、工业、农业等点源和面源污染。

内源治理方面，深入调查河道淤积情况，有序实施66km河段清淤，对清淤淤泥进行安全处理处置，并开展城中村垃圾收集处理和通沟污泥清理，控制内源污染。

生态修复方面，做好河道蓝绿线规划管控，落实海绵城市建设理念，建设生态岸线，修复河道生态系统，提高河道自净能力；针对心圩江、水塘江、良庆河等水土流失严重的河道，通过生态修复增强水土保持能力，提高河道透明度。

活水保质方面，对朝阳溪、亭子冲等生态基流不足的河道实施生态补水，尽量实现低水位、快流速运行，保障河道水景观和生态系统健康。

3.3 严格设计审查，优化具体治理措施

为了确保系统实施方案在各黑臭水体治理过程中有效传导落实，咨询团队对各项目的方案设计进行严格审查和技术把关，审查把关的重点是方案设计的必要性、科学性、可行性、可达性和经济性。咨询团队共审查方案设计132个，出具审查意见

168份。通过严格审查把关，明显提高了方案设计质量，优化了黑臭水体具体治理措施。

一是优化排口整治方案，避免排口整治"一截到底"。咨询团队提出要深入分析排口排水特征，分类施策，既要旱天污水全部截流，又要雨天雨水排放通畅；对于纯污水排口，全部截污纳管，尽量通过完善系统，分段截流，不能只靠末端截流；对于合流制排口，采取源头海绵减排、截流、调蓄等综合措施，旱天污水全部截流，雨天减少溢流污染；对于错混接排口，优先通过上游错混接点改造来整治，近期不能改造的，末端截污纳管，不能简单一截了之。

二是优化调蓄池建设方案，避免随意建设调蓄池。咨询团队提出要坚持"灰绿结合、蓝绿结合"原则，优化截污调蓄设计方案；对于分流制地区，重点实施雨污水管道错混接点改造，一般末端雨水口不截流，近期不建设调蓄池，通过海绵城市建设控制雨水径流污染；对于合流制地区，通过源头海绵城市建设和末端截污调蓄相结合的方式，控制合流制溢流污染，不盲目进行雨污分流改造。最终设计方案优化后，减少非必要建设调蓄池规模42.17万m^3，节省投资16亿元以上。

三是合理确定河道清淤规模，避免河道清淤"一清到底"。咨询团队提出要深入调查河道淤积情况，合理确定清淤范围和工程量。最终设计方案优化后，只对朝阳溪、亭子冲、那平江、水塘江和心圩江进行清淤，清淤河段长度减少45.4%，清淤工程量减少86.7%。

四是管网建设分轻重缓急，避免工程量不切实际。咨询团队提出要以"有效收集、确保畅通"为原则，以消除黑臭水体为目的，近期并非所有道路都要建设污水管道；近期优先建设的管道是各污水处理厂主次干管和污水管网空白区周边干管等。最终设计方案优化后，宽度20m以上道路计划建设污水管道占最初计划的72.5%，宽度20m及以下道路计划建设污水管道占最初计划的20%。

3.4 聚焦工作难点，细化治理技术路径

南宁市黑臭水体治理工作中，主要存在两个难点：一是针对排水管网历史欠账，示范期内需要大力完善管网系统，但是由于现状排水体制混乱，且规划排水体制不清楚，导致排水管网系统建设不知从何下手；二是污水处理厂进水BOD浓度距目标差距较大，污水提质增效工作缺乏系统考虑。聚焦上述难点，咨询团队重点开展技术攻关，向管理部门提出专门咨询建议，明确了黑臭水体治理技术路径，有效促进了治理工作。

（1）合理确定规划排水体制，有效指导排水管网系统建设

咨询团队通过详细资料分析和深入现场调查，全面梳理了主城区现状市政道路、居住小区、城中村的排水体制，绘制了详细的现状排水体制分布图。在此基础上，提出了排水体制的规划思路，其中对于现状合流制区域，按照"能改则改、若改尽改、易改则改"的基本原则，具备改造条件的规划改为分流制，否则规划保留合流制，最终合理确定规划排水体制（图3）。

根据规划排水体制，咨询团队提出示范期内污水管网补建、管道错混接点改造等实施方案，其中规划合流区近期重点补建合流管道，根据需要建设CSO调蓄池，一般不需要补建污水管道和改造错混接点，下游基本实现雨污分流的情况除外；规划分流区近期重点实施错混接点改造，根据需要补建雨水或污水管道，近期无法实施雨污分流改造的，考虑截污调蓄措施。明确了各片区排水体制后，因地制宜地指导了排水管网建设、错混接点改造等工作，而且优化了工程建设安排，提高了资金使用效率；以规划合流区为例，按照上述方案，共减少83.9km排水管网建设和561处错混接点改造工程量。

（2）制定污水处理提质增效方案，系统推进相关工作

咨询团队联合管网勘测单位，共同研究制定了各污水处理厂服务范围内的外水排查方案，通过科学布置监测点、合理确定监测时间和频次、细致分析监测数据，并结合室外勘测作业，逐步摸清了污水系统中的主要外水来源。在此基础上，制定了污水处理提质增效系统化工作方案，提出打通污水主干管、治理排口河湖水倒灌、整治施工场地降水、封堵自来水漏损、实施管道错混接点改造、消除污水管网空白区、排查修复主要管网缺陷、排查治理主要暗涵这八大任务，有序指导具体工作实施。

针对主城区服务范围最大、外水量最多、外水排查难度最大的江南污水处理厂，咨询团队经过大

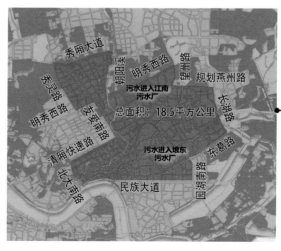
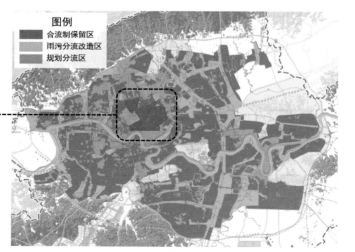

图3 南宁市排水体制规划图
Fig.3 Drainage system planning of Nanning City

量分析论证，专门制定了管网降水位及排查修复方案，并协助相关部门组织实施。自2019年11月至2020年1月，先后开展了4次大规模排查修复工作，参与单位包括市水环境治理指挥部、中规院咨询团队、管网勘测单位、相关平台公司、相关区政府等，单次参与人数均超过200人（图4）。每次排查修复工作充分利用夜间污水量低峰窗口期，于当日20时开始布控人员和设备物资，23时开始降水位并开展排查修复，一般于次日6时结束，累计查明各类缺陷近1000处，并按轻重缓急开展整治。

通过系统有序推进污水通道打通、污水管网空白区消除等"收污水"和河湖倒灌水治理、施工场地降水整治、漏损自来水封堵、管网缺陷渗水修复等"挤外水"工作，主城区污水处理提质增效取得了较好成效。到2020年底，污水处理厂进水BOD平均浓度由50.37mg/L提高至67.3mg/L，城市污水集中收集率由31%提高至52.6%。

3.5 强化现场巡查，解决主要技术问题

为了及时掌握黑臭水体治理进展，确保治理措施落地实施，咨询团队和南宁市水环境治理指挥部组成现场巡查小组，定期和不定期开展河道巡查工作。河道巡查主要内容包括水体感官效果、排口是否直排或溢流污水、河道底泥是否黑臭、河面是否有垃圾漂浮、河岸是否有垃圾或淤泥乱堆、是否存在菜地浇洒等农业面源污染、是否存在"小散乱污"、是否存在拦河截污、一体化处理设施是否运行正常等。根据河道巡查情况，撰写巡查报告，制定现场问题清单和整改建议，及时向主管部门反馈并持续跟踪问题整改情况。此外，对于施工现场遇到的技术难题，实时到现场进行解决，实地进行调查，分析问题原因，尽可能现场提出解决办法，并向管理部门提出咨询建议（图5）。

咨询团队巡查丈量每一条黑臭河道，发现河道、排口、河岸、管网等存在的各种问题，共撰写河道巡查报告80余份，第一时间发现问题，及时

图4 江南污水处理厂管网降水位及排查修复方案和实施现场
Fig.4 Investigation and renovation scheme of the pipe network water level reduction in Jiangnan Sewage Plant and the implementation site

图5 咨询团队开展现场河道巡查
Fig.5 On-site river investigation by the consultation team

向实施单位和主管部门提出工作建议，有力确保了工程实施成效。

3.6 注重过程评估，及时纠偏工作思路

咨询团队在驻场工作期间，积极开展治理效果过程评估，根据评估结果，协助主管部门和实施单位及时发现工作中的短板，及时纠偏工作思路。坚持每半年评估一次，对照治理目标要求，评估各项工作实施进展，发现存在的主要问题，并提出下一步工作建议。如2019年底，咨询团队对黑臭水体治理工作进行了全面评估，提出了3个方面12项工作建议；市水环境治理指挥部根据评估情况及建

议，专门召开会议部署了2020年度黑臭水体治理工作重点任务。2020年6月，咨询团队围绕黑臭水体水质改善、污水处理效能提升、长效机制建立等方面又进行了阶段治理效果评估，提出了5个方面工作建议；市水环境治理指挥部根据评估情况及建议，于同年7月印发实施了《2020年南宁市决战建成区黑臭水体治理百日攻坚战行动方案》，制定了各部门的工作任务清单，开展为期100天的黑臭水体治理攻坚工作。

通过及时开展过程效果评估，咨询团队帮助主管部门明确治理工作目标，厘清工作重点，不断优化治理路径、治理工作安排和项目建设时序，促进黑臭水体治理工作（图6）。

图6　黑臭水体治理效果过程评估
Fig.6　Process assessment of black and malodorous water body treatment effect

3.7 瞄准"长制久清"，协助完善长效机制

为了实现黑臭水体治理"长制久清"，避免返黑返臭，咨询团队结合国家要求和南宁实际，重点围绕河长制、排水及排污许可、工程质量监督等14个方面协助相关部门建立长效机制，其中在两个方面具有较好的示范性和借鉴意义。

一是"厂—网—河（湖）"一体化运行维护机制。咨询团队全面梳理了国内外关于城市排水系统运维管理的典型案例和经验，为南宁市提供参考，辅助建立了具有地方特色的制度机制。在行业管理方面，将黑臭水体治理范围内多个行业部门的全部或部分行政管理权限纳入市住房和城乡建设局行使，下设地下管网和水务中心，负责统筹内河、内湖水环境建设以及地下管网管理事务性工作，推动全市黑臭水体治理工作由多头管理向一体化行政管理转变。在运营管理方面，通过授予南宁市排水公司排水设施运营管理特许经营权，将市区范围内全部排水设施统一移交南宁市排水公司进行维护管养，实现了排水设施"一家统管"；出台特许经营服务绩效评价办法，实行按效付费的绩效评价机制，激励企业主动作为、主动服务；搭建"厂—网—河（湖）"一体化管控平台，

实现对全市排水设施的一张图管理，实现"多水统管、多污同治、联调联控"的信息化、智慧化管控。

二是排水管网接入管理和服务机制。咨询团队针对南宁市最突出的"管网病"，协助建立了一套实用的管理机制，避免产生管网问题增量。一方面出台排水管网建设管理相关的系列制度文件，并推动排水管理立法，出台《南宁市城镇排水与污水处理条例》，推动相关工作法治化、制度化、规范化。另一方面聚焦关键环节，严格落实排水管网接入设计方案审查审批，全面实行排水管线竣工测量，严格落实"三同步"制度，避免私搭乱接、雨污水管道错混接等问题。

3.8 积极培训宣传，总结治水成效经验

采取多种形式，协助主管部门积极开展培训宣传。一方面，通过邀请行业专家讲座、开展专项技术培训、集中答疑解惑、宣传贯彻政策文件和标准规范等，提高各部门和参建各方人员对黑臭水体治理工作的专业能力和业务素质，确保高质量完成相关建设任务。另一方面，协助主管部门多渠道开展

变革与创新　中规院（北京）规划设计有限公司　优秀规划设计作品集Ⅲ

黑臭水体治理过程和成效宣传，一是制作播出宣传片、科普动画等，提高广大市民对黑臭水体治理工作的认识和理解；二是利用国家和地方媒体资源，通过电视、报纸、新媒体等媒介宣传南宁市黑臭水体治理成效，营造良好氛围；三是利用项目展示牌、施工围挡、广告标牌、社区公示栏等，加强宣传黑臭水体治理成效，倡导文明行为，让社会广泛理解、支持黑臭水体治理工作（图7）。

图7　多种形式开展黑臭水体治理培训宣传
Fig.7　Training and publicity of black and malodorous water body treatment in various forms

4 | 项目亮点

4.1 探索了"全流域方案统筹+全过程技术把控"的技术咨询模式

咨询团队在驻场工作中，创新摸索了"全流域方案统筹+全过程技术把控"的水环境治理技术咨询模式。首先，从全流域入手，科学编制系统化实施方案，按照"控源截污、内源治理、生态修复、活水保质、长制久清"的技术路线，统筹上下游、左右岸和干支流，明确系统化实施方案；其次，以实施方案为统领，全过程进行技术把控，通过严格设计审查、强化现场巡查、注重过程评估、完善长效机制等，确保治理措施落地实施。通过方案统筹指导和过程技术把控的组合推进，打通了从方案到实施的完整技术链条，从而确保了水环境治理的良好成效。

4.2 探索了"找问题+提建议"的全过程技术咨询方法

面对纷繁复杂的现场工作，咨询团队坚持主动思考、主动作为，在黑臭水体治理的规划、设计、建设、效果评估等各个阶段，及时找出问题，主动提出建议，探索实践了"找问题+提建议"的全过程技术咨询方法。

规划阶段针对排水体制混乱，排水管网建设、错混接点改造、调蓄池建设不知从何下手等问题对排水体制进行详细规划，根据规划排水体制提出排水系统建设建议。其中，规划合流区近期重点补建合流管道，根据需要建设CSO调蓄池，规划分流区近期重点实施错混接点改造，根据需要补建雨水或污水管道。

设计阶段针对设计方案中排口整治"一截到底"、随意建设调蓄池、河道清淤"一清到底"、污水管道建设工程量不切实际等问题，严格方案审查，提出具体措施优化建议。一是分类施策整治排口，确保既要旱天污水全部截流，又要雨天雨水排放通畅，不能简单一截了之；二是坚持"灰绿结合、蓝绿结合"原则，优化截污调蓄设计方案；三是深入调查河道淤积情况，合理确定清淤范围和工程量；

四是以"有效收集、确保畅通"为原则，以消除黑臭水体为目的，合理安排近期污水管道建设任务。

建设阶段针对多个流域存在污水直排溢流、河道底泥黑臭、河岸垃圾乱堆、拦河截污等问题，强化技术巡查，现场提出问题整改建议。

效果评估阶段对治理情况进行评价，对标国家黑臭水体治理示范城市建设要求，查找存在的主要问题，并提出相应的工作建议。

通过将"找问题+提建议"的技术咨询工作贯穿到规划、设计、建设、效果评估等全过程，不断纠偏黑臭水体治理实施路径，确保实现治理目标。

4.3 创新提出了合流区雨污分流改造的规划思路

咨询团队结合现状排水管网建设情况，充分考虑必要性、合理性和可行性，创新提出了现状合流区规划雨污分流改造思路。一是结合内河水质保障、城区内涝积水点整治等水环境水安全治理需求，能改则改；二是以污水分区为单元，在一级或二级污水分区内总体考虑，若改尽改；三是考虑市政管网改造条件、地块改造难易程度、规划用地布局、旧城改造计划等，宜改则改。

5 项目实施效果

5.1 黑臭水体全面消除，城市水环境质量明显提升

南宁市建成区原有38段黑臭水体，其中23段属轻度黑臭水体，15段属重度黑臭水体。咨询团队驻场服务期间，通过优化顶层设计和全过程技术把控，协助主管部门开展系统化黑臭水体治理，取得了显著成效。截至2020年底，不考虑雨季河岸冲刷影响的情况下，38段黑臭水体的透明度、溶解氧、氧化还原电位和氨氮等指标全部达标，建成

区黑臭水体全面消除，西明江、心圩江、朝阳溪、那考河、沙江河、亭子冲、水塘江等一大批河道实现"清水绿岸、鱼翔浅底"，城市水环境质量明显提升，极大改善了周边环境品质（图8）。

5.2 污水收集处理效能提高，厂网高效运行

通过系统实施污水处理厂新（扩）建、污水管网完善、污水收集处理设施空白区消除、外水排查整治、暗涵清污分流等项目，建成区污水系统运行

变革与创新　中规院（北京）规划设计有限公司　优秀规划设计作品集Ⅲ

| （a）西明江 | （b）心圩江 | （c）朝阳溪 | （d）竹排江（那考河段） |

| （e）竹排江（沙江河段） | （f）那平江 | （g）亭子冲 | （h）水塘江 |

图8 南宁市建成区黑臭水体治理效果实景图

Fig.8 Photos of the black and malodorous water body treatment effect in the built-up area of Nanning City

效率不断提高，污水收集处理效能明显提升。截至2020年底，新增城市污水处理规模86万t/d，污水处理能力大幅提升；新建污水管网超过300km，排水管网清淤约390km，修复约108km，完成雨、污水管网错混接点改造8000余个；全市污水处理厂进水BOD浓度年平均值从50.37mg/L提高至2020年的67.3mg/L；城市污水集中收集率从31%提高至52.6%。

5.3 治水长效机制建立，治理效果持续保障

南宁市通过完成黑臭水体治理工作，已基本建立健全了14项长效机制，包括河长制、黑臭水体治理奖惩机制、排水排污许可管理制度、市政管网私搭乱接溯源执法机制、工程质量监管机制、污水收集处理设施建设用地保障机制、"厂—网—河（湖）"一体化运行维护机制、排水设施维护养护与修复机制、水体及各类治污设施日常维护管理机制、黑臭水体定期监测评估和信息公开及公众举报反馈机制、排水管网接入管理和服务机制、排污口定期监测机制、河岸垃圾及河面漂浮物收运机制、黑臭水体统筹推进机制等，并在日常管理中持续实施。另外，在两个方面进行了制度机制创新，一是"厂—网—河（湖）"一体化和专业化运行维护机制方面，实现了排水设施一体化经营管理，建设并完善了排水设施智能化管控平台；二是在排水及排污许可制度方面，进一步明确了适用对象、办理条件、办理方式方法、排水许可时效性等具体内容，优化了审批流程。

6 | 结语

黑臭水体治理是一项复杂的系统工程，需要全过程技术咨询为治理工作提供强有力的技术保障。一方面，黑臭水体治理系统性强，技术咨询要做好统筹引领，规划、设计、建设、管理等全过程参与，主动作为，及时诊断发现问题，主动谋划解决问题；另一方面，黑臭水体治理是攻坚战，技术咨询要做好方向把控，结合现场巡查和效果评估不断优化实施路径，在有限的时间内抓住主要问题，分清主次，科学实施，才能高效实现治理目标。

07 厦门市集美区后溪、瑶山溪、深青溪流域综合整治系统化方案

Systematic Plan for Comprehensive Improvement of Houxi River, Yaoshanxi River, and Shenqingxi River Basins in Jimei District, Xiamen City

项目信息

项目类型：专项规划
项目地点：福建省厦门市
项目规模：流域面积190km^2
完成时间：2020年11月
委托单位：厦门市集美区农业农村局

项目主要完成人员

项 目 主 管：吕红亮
技术负责人：任希岩
项目负责人：王家卓　张春洋
主要参加人：刘冠琦　栗玉鸿　胡应均　李帅杰　范丹　范锦　赵智　赵祥　方慧莹　王欣　侯伟　鲍风宇　张明莹　陈伟伟
执 笔 人：刘冠琦　张春洋

苎溪安全生态水系
Safe and ecological water system of Zhuxi River

项目简介

后溪、瑶山溪、深青溪（以下简称“三溪”）是厦门市集美区的三大“动脉”，在城镇化快速发展过程中，三溪水质逐步恶化，各考核断面水质以劣V类为主，环保考核压力大。本规划以深度提升城乡水生态环境、打造三溪多样化与多功能城乡生态景观廊道为目标，统筹全流域层面的系统化治理。通过实地监测调查，精准剖析水问题成因，考虑城乡不同区域污染特征，提出差异化治理思路，制定分阶段控源截污、内源治理、活水保质、生态修复、景观提升与智慧调度规划方案。依据规划生成的分年度建设项目库，有序指导了后续工程实施，三溪水质考核断面全面消除劣V类，流域水质实现质的提升，为厦门市九大溪流治理打造了“集美样本”。

INTRODUCTION

Houxi River, Yaoshanxi River, and Shenqingxi River are three major rivers in Jimei District, Xiamen City. In the process of rapid urbanization, the water quality of these three rivers has gradually deteriorated, and water quality of the monitoring section is mainly below Grade V, which poses great pressure on environmental protection assessment. This plan carries out the systematic improvement of the entire basin to comprehensively improve the urban and rural water ecology and water quality and to build the three rivers into diversified and multifunctional ecological landscape corridors. Through on-site monitoring and investigation, efforts are made to accurately analyze the cause of water problems, propose differentiated treatment measures according to the pollution characteristics of different regions, and develop phased planning schemes of source control, internal source treatment, water quality improvement, ecological restoration, landscape beautification, and intelligent scheduling and management. A database of annual construction projects is built in accordance with the planning, which effectively guides the implementation of subsequent projects. After the implementation, the water quality of the monitoring section of three rivers has been completely improved to above Grade V. This plan has created a “Jimei sample” for the improvement of nine rivers in Xiamen.

1 | 项目背景

　　集美区位于厦门岛外西北部，居闽南金三角中心地段，是厦门市的几何中心。集美区始终牢记习近平总书记提出的鼓励厦门加快从海岛型城市向海湾型生态城市转变，促进厦门大发展，致力于将集美区打造为"高素质高颜值跨岛发展最美新市区"。

　　后溪、瑶山溪、深青溪是集美区的三大"动脉"，总长度约80km，总汇水面积约190km²，后溪末端汇入杏林湾水库，一起并称为集美区的"三溪一湾"，基本覆盖了全区行政区划范围（图1）。在集美区城镇化快速发展过程中，由于污水体系建设不健全，三溪水生态环境逐步恶化。近年来，厦门市委、市政府高度重视水环境治理工作，先后出台一系列政策措施，加大投入开展小流域水环境治理。集美区实施了多轮治理，但三溪水质改善不明显，考核断面仍以劣Ⅴ类为主，两处省控断面均未达标，环保考核压力大。

　　在新的发展阶段，提升三溪水环境，需要长远谋划、顶层设计、系统推进。为还原河道自然属性，提升城市升值空间，达到全域生态环保目标要求，同时避免碎片化建设与重复投入，亟须从全流域层面统筹考虑，编制后溪、瑶山溪、深青溪流域水环境综合整治系统化方案。

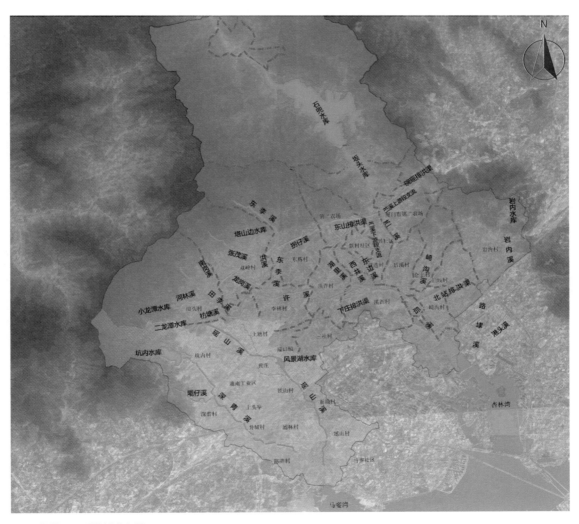

图1　集美区三溪流域分布图
Fig.1　Distribution of three river basins in Jimei District

2 | 规划目标与技术路线

本规划的总体目标是在全流域开展系统化治理，深度提升城乡水生态环境，将三溪打造成为多样化、多功能的城乡生态景观廊道。到2020年，三溪考核断面水质全面消除劣Ⅴ类；到2025年，主要水质指标力争达到Ⅳ类标准，逐步恢复水生态功能；到2035年，水质稳定达到Ⅳ类标准，恢复良好的水体及滨水生态系统功能，提升流域水景观品质，实现"清水绿岸、鱼翔浅底"。

项目组以流域边界为研究单元，通过开展实地监测调查，剖析三溪水问题，确定整治目标，制定系统化实施方案。一是针对三溪流域不同区域污染特征，提出农村、城镇、工业污染的针对性治理方案，构建乡村与城镇地区差异化的污染治理体系，完善自然净化系统，削减外源污染入河；二是综合开展内源治理、活水保质、生态修复、景观提升与智慧调度，并在此基础上同步划定蓝绿线管控范围、整治河道断面、提升滨水景观，形成生态优美、景观丰富、流域安全、活力突出的综合河道；三是在反复论证方案可实施性基础上，经多方对接，生成三批可落地、可实施的建设项目库，明确近期重点治理任务，为后续各项工程实施提供顶层指导（图2）。

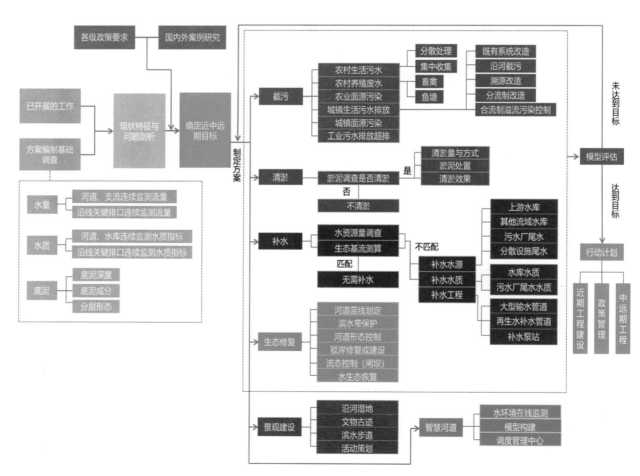

图2 集美区三溪流域综合整治技术路线图
Fig.2 Technical roadmap for the systematic improvement of three river basins in Jimei District

变革与创新 优秀规划设计作品集Ⅲ 中规院（北京）规划设计有限公司

3 | 主要内容

3.1 开展精细化调查，定量计算各类型污染负荷

通过开展详细调查，定量计算各类型污染负荷，识别三溪流域的主要污染来源和近期治理重点任务。后溪流域非城市建设用地占其流域面积的70%以上，流域中上游以林地和农田为主，许溪下庄鱼鳞闸省控断面以上全部属于非城镇建设用地，农村地区污染是影响后溪流域，尤其是省控断面水质达标的重要因素。以农业种植、养殖面源污染占比最高，其次为农村区域未收集的生活污水造成的点源污染（图3）。后溪流域氮、磷污染物控制难度较高，是后溪流域近期治理的重难点。

瑶山溪、深青溪流域污染来源包括污染工业企业、居民点内的小作坊、居民生活污水等集中点源污染，农业污染、零散小作坊污染等面源污染，分流制地区城镇面源污染以及河道底泥释放的内源污染。主要污染来源为城镇污水直排口集中排放的点源污染，COD、氨氮等污染负荷比例可高达50%~75%，是瑶山溪、深青溪流域近期治理的重点任务。

根据河道现状生态情况，通过构建水力模型，定量核算了基于考核断面目标水质下的水环境容量，与实际入河污染量进行对比，结果表明，三溪COD、氨氮、总磷等主要污染物指标均严重超标，超标倍数高达6.1~8.6倍。

3.2 工程措施与管控手段相结合，削减农村污染

由于农村地区污染分布相对分散，尤其面源与养殖污染产生范围广，负荷产生量、产生时间随机性高，很难进行集中收集控制。

针对三溪流域的农村地区，统筹考虑农村种植、养殖与生活污染的特征，充分发挥自然净化功能，构建从源头到末端的系统治理方案，形成联动治理模式，构建具有本地特色的农村污染综合治理体系。生活污水是COD的主要来源，主要依靠提高污水收集处理水平控制，而农业种养殖是氮磷污染物的主要来源，由于小型污水处理设施去除较为困难，需要依靠湿地等生态化手段解决。

（1）针对农村生活污水，因地制宜对109个自然村庄归类，推行分散处理与集中纳管相结合的"城带村""镇带村""联村""单村"等模式。"城带村""镇带村"模式：距离市政管网1km以内的村庄实施雨污分流与截污纳管；"联村""单村"模式：距离市政管网1km以上的村庄采取组团式污水就地处理设施。保障农村生活污水全收集、全处理，实现农村生活污水零直排。

考虑到许溪流域下庄鱼鳞闸省控断面近、远期水质分别需达到Ⅳ类、Ⅲ类标准，现有分散处理设施一级A的出水水质标准需进一步提高。对许溪流域内分散处理设施，结合排放条件增设多级湿地净化尾水，共新建湿地31个，面积约17980m²，湿地出水回用于农田灌溉或排放，提高出水水质稳定性，削减入河污染（图4）。

（2）针对农田面源污染，通过源头—过程—末端三层体系进行控制。源头政策引导，加强控制肥料施用量，优化种植结构，发展规模化生态种植；过程控制农田排水，增加排水的自然净化过程，减少排水携带污染物量；末端建设"点、线、面"结合的生态化措施，采用植被缓冲、湿地净化系统，拦截末端污染物直接排放入河。

（3）针对养殖面源污染，加强政策引导、优化禁养政策管控。农村畜禽养殖通过划定禁养区，沿河200m范围严格禁止任何形式的养殖，留足污染缓冲与净化空间。农村水产养殖通过开展鱼塘清退与土地收储，将收储鱼塘建设为人工尾水净化湿地和河道缓冲带，削减入河污染总量。

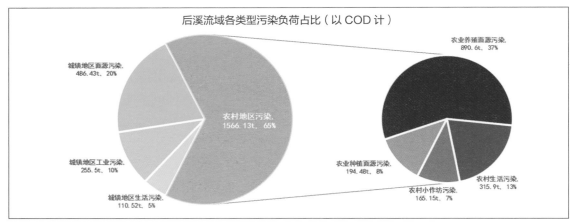

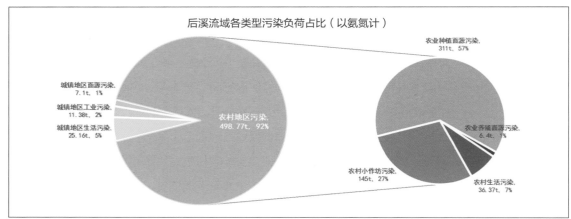

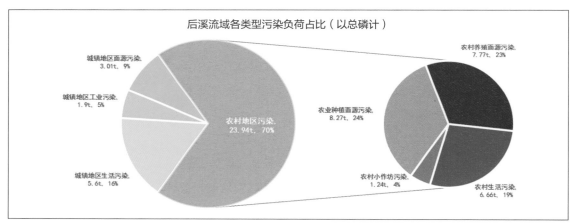

图3　后溪流域各类型污染负荷占比

Fig.3　Various types of pollution contributions in Houxi River Basin

3.3 源头分流与排口溯源相结合，治理城镇污染

　　针对三溪流域的城镇地区，着力完善与优化城镇污水收集与处理系统，统筹谋划、分步实施，治理城镇污染。近期，重点聚焦污水分区优化、污水处理厂站整合与以及沿河末端排口治理，确保污水不入河、有出路，处理规模总量满足需求。规划逐步取消尾水出水标准较低的中、小型城镇分散污水处理站，并改造为提升泵站，至远期流域内污水全部收集至集中污水处理厂处理，达到类Ⅳ类标准的优质再生水回补至三溪河道（图5）。

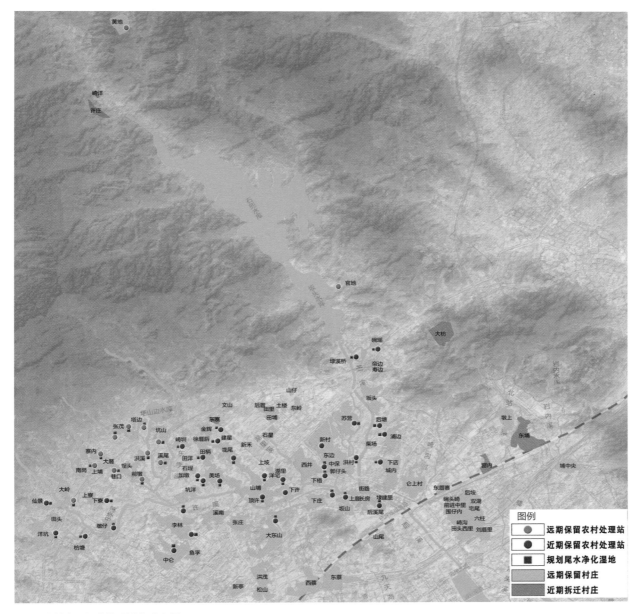

图4 农村生活污水处理设施分布图
Fig.4 Distribution of rural domestic sewage treatment facilities

（a）现状　　　　　　　　　（b）近期规划　　　　　　　　　（c）远期规划

图5 三溪流域污水处理厂站布局图
Fig.5 Layout of sewage treatment plants and stations in three river basins

在全流域范围内分步实施雨污分流与正本清源改造。近期，重点确保消除沿河污水直排，重点推进汇水范围较大、雨天溢流污染控制难度较高的排口上游的汇水分区，提高截流系统截流倍数，减少合流制溢流频次；到2025年流域内全面实现雨污分流排水体制。

3.4 严格管控与政策引导相结合，控制工业污染

为削减工业污染，在严格管控的同时更需要强化主动引导。重点管控零散分布的农村小作坊，滨河200m范围内严格清退，引导流域内高污染废水的企业进行整改或搬迁入园。后溪工业组团以机械装备及相关配套产业为主，按照园区定位，整合工业组团产业类型，加强园区内的产业引导，优化污水处理站运行稳定性。

3.5 新鲜水与再生补水相结合，保障生态基流

由于三溪上游的石兜、坂头水库等日常不下泄流量，三溪旱天生态基流不足，后溪流域部分支流断流，瑶山溪风景湖水库换水周期较长。对生态基流不足的三条河道实施生态补水，以再生水补水为主、新鲜水调节补水为辅。前场污水处理厂、集美污水处理厂出水执行厦门地标A级标准，再生水水质达到类IV类，根据逐月水量计算，设计日补水量7万m³，为河道提供优质补水，营造浅水、清水景观效果（图6）。

3.6 生态修复与景观提升相结合，打造滨河景观

三溪流域自然景观资源丰富，但现状景观较为杂乱，许多河道为自然土坡，沿线杂草丛生，成为垃圾杂物堆积场地。

在后溪流域建设3处大型净化湿地，串联沿河草沟、曝气湖与生态湿地系统，在河道内种植水生植物，构建从源头到末端的农村滨河缓冲体系，发挥污染拦截与自净功能。在城镇地区建设3处生态湿地，实施风景湖水库生态修复，打造湿地与水系相结合的生态系统，建设瑶山溪、深青溪南部湿地，改善入海水质，打造生态与景观相结合的城乡生态绿色廊道（图7）。

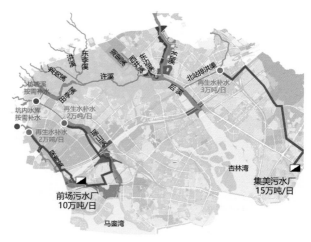

图6　河道生态补水规划图
Fig.6　Ecological water replenishment planning of the three rivers

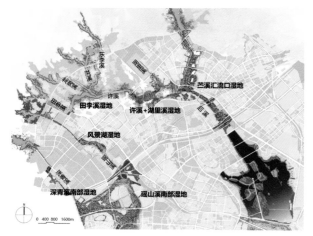

图7　滨河生态湿地布局图
Fig.7　Distribution of riverside ecological wetlands

4 | 特点与创新

4.1 系统开展了全流域、跨部门综合排查，定量化、精准识别三溪流域水环境问题成因

一是开展全流域水质断面监测及329处沿河排口调查，溯源上游污染来源，筛选重点排污口进行水质、水量连续监测，找准重点污染区域与主要污染贡献。二是调查全流域109个村庄及农村小作坊的污水收集处理情况，调查55座分散污水处理站运行状况，定量评估乡村地区零散分布的村庄和小作坊污染贡献。三是调查全流域种植、养殖污染分布与特征，识别农业面源污染重点控制区。

4.2 统筹考虑全流域地区建设差异与污染特征，因地制宜提出了差异化的治理思路

对于乡村地区，聚焦农村生活污水、小作坊污染、农业面源污染控制，构建工程与管理并重的空间治理体系（图8）；对于城镇地区，聚焦污水系统完善与"一口一策"的排口污染治理，坚定推行雨污分流体系。

4.3 提出了以生态化治理措施代替工程型治理措施

收储鱼塘清退用地，建设农村分散处理站尾水湿地、滨河大型净化湿地，充分发挥自然生态系统对污染物的净化功能，使乡村地区水污染治理更具经济性、可操作性与综合效益。

4.4 探索了从规划、设计到项目落地跟踪指导的全过程治水模式

项目团队在反复论证规划方案可实施性基础上，经多方对接，生成了三批建设项目库，分

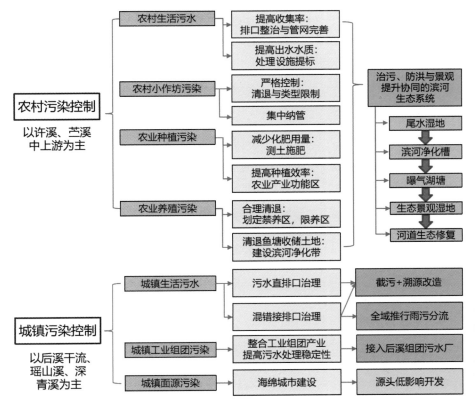

图8 三溪流域工程与管理并重的空间治理体系
Fig.8 Spatial governance system with equal emphasis on engineering and management in three river basins

期制定了2019年、2020年及中远期治理工程项目，绘制了工程平面图挂图"作战"，为后续各项工程实施提供顶层指导。在方案编制结束后，持续跟踪后续项目建设进度与效果，动态优化、调整项目库内容与建设时序，推动方案切实落地实施。

5 | 规划实施情况

方案生成的三批流域治理项目库总投资约17.8亿元。第一批项目落地实施后，三溪水质持续向好，考核断面水质全面消除了劣 V 类，2处省控断面水质达到 III 类标准，流域水质实现质的提升。瑶山溪末端成为市民健身打卡地，深青溪成为集美大学暑期社会实践学习基地，生活在集美的老百姓切身感受到了治水带来的幸福感（图9、图10）。

图9　三溪治理后成效
Fig.9　Effectiveness of three river basins management

图10　大学生志愿者在深青溪采水样
Fig.10　collection of water samples in Shenqingxi River by college student volunteers

6 | 结语

规划团队在见证方案落地的同时，也收获了成就感和满足感。河流是城市重要的生态廊道和居民休闲空间，保护好水生态环境是城市高质量、可持续发展的重要根基。未来，我们将持续关注生态环境治理领域的发展，坚持不懈、久久为功，为生态文明建设贡献力量。

08 厦门市筼筜湖水环境综合治理流域规划及系统方案

Planning and Systematic Plan for Comprehensive Improvement of Yundang Lake Basin in Xiamen City

▍项目信息

项目类型：专项规划
项目地点：福建省厦门市
项目规模：流域面积37km²
完成时间：2020年12月
委托单位：厦门市市政园林局
获奖情况：2021年度全国优秀城市规划设计奖三等奖
　　　　　2021年度福建省优秀城市规划设计奖二等奖

项目主要完成人员

项 目 主 管：吕红亮
技术负责人：任希岩
项目负责人：王家卓　张春洋
主要参加人：刘冠琦　栗玉鸿　范丹　范锦　郭紫波　赵智　胡应均
　　　　　　李帅杰　林中奇　王晖晖　甘硕儒
执　笔　人：刘冠琦　张春洋

▍项目简介

　　筼筜湖位于厦门本岛西南部高密度核心建成区，毗邻西海域，是一座咸水湖泊。1988年，时任厦门市常务副市长的习近平同志提出了筼筜湖"依法治湖、截污处理、清淤筑岸、搞活水体、美化环境"二十字治理方针。三十多年来，筼筜湖先后经历了4轮大规模整治，水质有所改善，然而随着环湖人口集聚，城市污染负荷加大，末端大截排的污水系统长期处于超载状态，环湖36条排洪沟雨天溢流，导致湖体雨后水质反弹问题突出，水生态环境提升需求迫切。本规划通过总结与借鉴历史治理经验，从末端截污走向源头治理、系统治理、综合治理，着眼筼筜湖上游的城镇雨污水系统，在37km²流域范围内找准问题，以雨天溢流污染控制为核心，制定近远期规划方案及系统化治理措施，应用数学模型辅助，构建完善的合流制溢流污染控制体系与雨污分流排水体系，完善流域排水系统运行调度。通过系统工程建设和长效管理，实现筼筜湖"清水绿岸、鱼翔浅底、城湖共融"的生态功能和景观功能，打造成为全国高密度城镇化地区湖泊治理的典范。

▍INTRODUCTION

Yundang Lake is a saltwater lake located in the high-density core built-up area in the southwest of Xiamen, adjacent to the western sea. In 1988, Comrade Xi Jinping, then Executive Vice Mayor of Xiamen, proposed a twenty-word policy for the treatment of Yundang Lake, which was to "treat the lake in accordance with the law, intercept and treat pollution, dredge and build up the shore, revitalise the water body and beautify the environment". Over the past 30 years, Yundang Lake has undergone four rounds of large-scale remediation, and water quality has improved. However, with the concentration of population around the lake, the urban pollution load has increased, the sewage system at the end of the large interceptor has been overloaded for a long time, and the 36 drainage ditches around the lake overflow during rainy days, leading to the problem of water quality rebounding after rain. This plan focusing on rainwater overflow pollution control, formulating near- and long-term planning schemes and systematic treatment measures, and applying mathematical models to build a comprehensive combined system overflow pollution control system and rainwater and sewage drainage system, and improve the operation and scheduling of the watershed drainage system. The ecological and landscape functions of Yundang Lake will be realised as "clear water and green shores, fish flying in the shallows, and the city and lake integrated", making it a model for lake management in high-density urbanised areas across China.

1 | 项目背景

筼筜湖旧称筼筜港，位于厦门本岛西南部，毗邻西海域，清代乾隆年间，"筼筜渔火"被列入厦门八大景观。20世纪70年代围海筑堤，周边逐渐发展为城市高密度核心建成区，现状水域面积缩减至1.6km²，由筼筜湖、松柏湖、天地湖三大湖区组成，库容约380万m³（图1）。筼筜湖承担厦门岛36km²范围的防洪排涝和生态景观功能，晴天主要依靠纳排潮闸和海水泵站补充海水，雨天纳潮闸关闭，流域径流经排洪沟排入筼筜湖，依靠排涝泵站将涝水排出外海。

1988年3月30日，时任厦门市常务副市长的习近平同志提出了筼筜湖"依法治湖、截污处理、清淤筑岸、搞活水体、美化环境"二十字治理方针。三十多年来，厦门市先后投入11.3亿元，开展了四轮大规模整治，湖体环境有所改善，晴天水质较稳定，但活性磷酸盐和无机氮指标未达到海水Ⅳ类标准。而在雨天，由于末端大截排为主的污水系统处于超载状态，36条排洪沟污水溢流入湖，筼筜湖雨后水质反弹、死鱼问题引起了社会广泛关注。

作为厦门市重要的城市名片，新时代发展背景下，筼筜湖治理面临着新的要求和挑战。为贯彻习近平总书记生态文明建设思想，从顶层设计到落地实施层面有效指导流域系统治理，持续提升筼筜湖水生态环境。2018年7月，厦门市启动了筼筜湖水环境综合治理流域规划及系统方案编制工作。

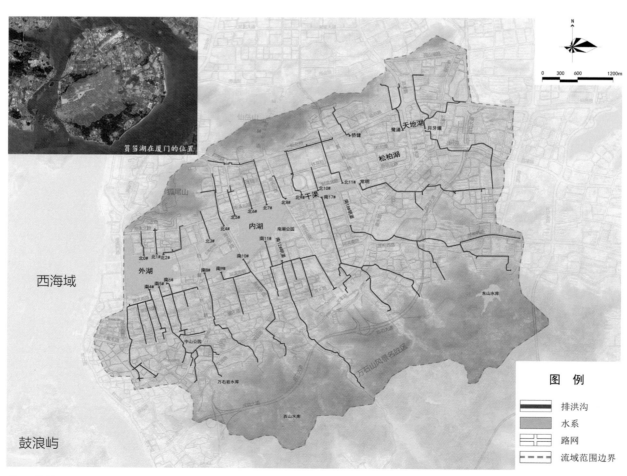

图1 筼筜湖流域区位分布图
Fig.1 Location of Yundang Lake Basin in Xiamen Island

变革与创新 中规院（北京）规划设计有限公司 优秀规划设计作品集Ⅲ

2 | 规划目标和技术路线

规划的总体目标是通过流域系统治理，实现筼筜湖"清水绿岸、鱼翔浅底、城湖共融"的生态功能，将筼筜湖打造为厦门市高颜值生态花园城市的"会客厅"，成为全国高密度城镇化地区湖泊治理典范。

在梳理历次治理措施基础上，在全流域范围内开展调查，布设在线监测设施，定量解析入湖污染，遵照"依法治湖、截污处理、清淤筑岸、搞活水体、美化环境"二十字治理方针，制定筼筜湖流域治理顶层规划与系统方案，指导近、远期治理工程实施与管理。

以排洪沟雨天溢流污染控制为核心，合理划定

雨污分流改造范围：一是污水尽量不入排洪沟，具备条件的地区构建完善的分流制雨污水排放系统；二是统筹兼顾，保留合流制区域，通过清污分流、调蓄设施、污水分区优化与配套厂站协同，构建完善的合流制溢流（combined sewer overflow, CSO）污染控制体系，年均溢流污染频次不超过10次，并借助数学模型定量校核、优化工程措施与调度方案。在系统控源截污基础上，实施生态清淤与水动力改善。近期，筼筜湖雨后水质明显好转，湖体水动力得到显著改善。远期，逐步实现筼筜湖海水IV水质标准，水生态系统基本达到自我维持的良性状态，生物多样性进一步提高（图2）。

图2 筼筜湖流域水环境综合治理规划方案技术路线图
Fig.2 Technical roadmap for the systematic improvement planning scheme of Yundang Lake Basin

3 | 主要内容

3.1 模型定量评估，支撑规划方案

（1）水力数学模型评估雨天溢流污染

合流制、雨污混错接使原本承担雨洪排放功能的排洪沟中收集了大量污水，环湖建有5套大截

排式截污系统，由于截污系统不完善、污水处理厂站能力不匹配等原因，排洪沟雨天溢流频发、筼筜湖雨后水质恶化。针对上述问题，规划选用Infoworks ICM工具，模拟复杂的排水构筑物及其

调度运行模式，耦合典型年分钟级降雨、下垫面、汇水区、排洪沟、节制闸、管网、泵站、污水量等参数构建水力模型，对筼筜湖南岸片区全年溢流污染进行定量评估，辅助溢流污染控制方案制定与实施效果评估。

根据模拟结果，南岸排洪沟全年溢流总量约746万t，其中，南10#、南12#、南17#、南18#排口溢流程度较高，溢流频次高达28~37次，单口溢流量高于100万t，占溢流总量的84%，是筼筜湖雨天溢流污染主要来源（表1）。

南岸排洪沟典型年溢流模拟结果统计表　　　　　表1
Typical annual overflow simulation results of flood discharge ditch on the south bank　　Tab.1

排洪沟	南4#	南5#	南6#	南8#	南9#	南10#	南12#	南17#	南18#
全年溢流频次	21	33	33	23	15	36	32	28	37
全年溢流量（万m³）	17.6	49.3	44.2	9.6	0.5	100.2	129.1	161.8	233.9
南岸全年溢流总量（万m³）					746.2				

（2）湖体水动力模型模拟湖体流态

受岸线形态与湖底地形影响，湖体存在多处缓流区，水生动植物受水质咸淡交替盐度变化影响，生长迁移缓慢，湖体循环流动性与自净能力较差。针对上述问题，规划采用环境流体动力学模型（EFDC），根据潮位、湖底地形及水利构筑物运行规则等构建水动力模型，模拟湖体水动力状态，辅助水动力改善方案比选。

根据瞬时流速法、示踪剂法模拟，筼筜外湖存在6处死水区，水体流速慢、换水周期长；现状补水工况下，松柏湖、天地湖10天才能基本完成水体更新，局部死水区仍未完成更新，不利于污染物排除，需要采取针对性改善措施。

3.2 雨污分流改造，避免污水入沟

持续推进筼筜湖流域雨污分流改造，优化流域排水体制，尽可能让污水不入排洪沟，排洪沟成为雨水专用通道，彻底消除溢流污染。在识别改造难易度基础上，结合排水分区重要性、整体性等因素，遵循"易改则改、能改则改、若改尽改"原则，合理制定近远期改造范围与方案。

易改则改：南岸1~8#沟环湖、北岸、松柏湖、天地湖等区域建设年代较新，现状为分流制排水体制，雨污混错接改造难度较低，规划近期全面实现雨污分流。

能改则改：对全局影响大的排水分区，如南岸1~8#沟厦禾路以北区域位于截污系统最下游，排洪沟经3道截流，对整个截污系统和污水处理厂冲击大；南岸11~18#沟为分流、合流交错的混流区域，因汇水面积与入沟污水量较大，排洪沟溢流频次高、污染负荷占比高。近期规划对上述两个区域攻坚克难实现雨污分流。

若改尽改：从排水分区整体考虑，为尽量避免上合下分、上分下合导致末端仍需截污，应尽可能地实现排水分区整体分流制。

保留合流：南岸1~4#沟厦禾路以南以及5~6#沟百家村区域，为本岛的老旧城区，中山路一带建筑历史悠久，人流车流密集、商铺集中，地块与道路均为合流制。对这些确实不具备雨污分流改造条件的地区，规划永久保留为合流制。

近3年，筼筜湖流域雨污混错接改造面积19.5km²，雨污分流改造面积1.23km²，完整的雨污分流制地区达到88%；远期，雨污分流制地区比例达到94%（图3）。

变革与创新　中规院（北京）规划设计有限公司　优秀规划设计作品集Ⅲ

图3　筼筜湖流域排水体制规划图

Fig.3　Drainage system planning of Yundang Lake Basin

3.3　滞蓄源头山水，降低山洪冲击

筼筜湖南岸排洪沟起源于万石山风景名胜区，山体面积占南岸总汇水面积的1/3。山泉水源源不断地汇入山脚下的排洪沟，经测算，日均径流量约3000t。针对山体汇水面积大、永久保留合流制和近期难以彻底分流的排洪沟，规划实施源头山水滞蓄与清污分流，通过"调、蓄、排、用"组合，降低山洪对截污系统的冲击，降低近期溢流风险，提高污水处理效能（图4）。

一是"调"。改造万石岩水库固定式溢流堰与

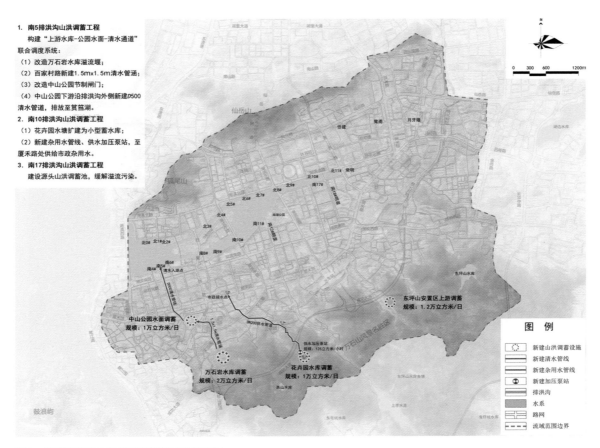

图4　筼筜湖流域山洪调蓄及排放设施规划图

Fig.4　Planning of torrential flood regulation, storage, and discharge facilities of Yundang Lake Basin

中山公园上提式节制闸，加强水库、公园水体与排洪沟联合调度，汛前预降水位，挖掘既有水体调蓄能力3万m³。

二是"蓄"。新增山洪调蓄空间，南岸10#沟上游、扩建花卉园水库为小型蓄水库，南岸17#沟上游新建1座东坪山安置区山洪调蓄池。结合万石岩水库与中山公园水体调度，共计新增调蓄空间5.2万m³。

三是"排"。规划沿万石岩水库、中山公园至筼筜湖的南岸5~6#沟外侧，新建清水排放通道，将山体径流直接排放至中山公园水体和筼筜湖作为优质补水，与排洪沟中污水分开，实现清污分流。

四是"用"。规划利用南岸10#沟花卉园蓄水库供给厦门植物园绿化浇洒和下游城区市政杂用水，实现山水资源化利用。经预处理后满足市政杂用水质标准，建设供水管线及配套泵站输送至

厦禾路，设计供水量125t/h，全年可利用水资源量约70万t。

3.4 调蓄合流溢流，减轻系统负荷

筼筜湖当前多道末端截流的方式，存在截流水量大、缓冲和调蓄峰值能力差、厂站能力难匹配等缺点，仅依靠增设截流方式难以实现对溢流污染的控制，需要构建在线调蓄、末端截污、泵站提升、厂站处理的CSO污染综合控制体系。

对近期规划合流制的区域，综合考虑水环境与防汛要求、既有设施规模、工程可实施性以及投入产出比等因素，最终确定CSO控制目标为：30mm以下场次降雨不发生溢流的控制目标，对应全年溢流频次不超过10次。

规划充分利用流域内既有的泵站与管道设施，经过模型辅助比选与论证，规划新建3座合流制调蓄池、1条在线调蓄管道，调蓄雨天混合污水错峰

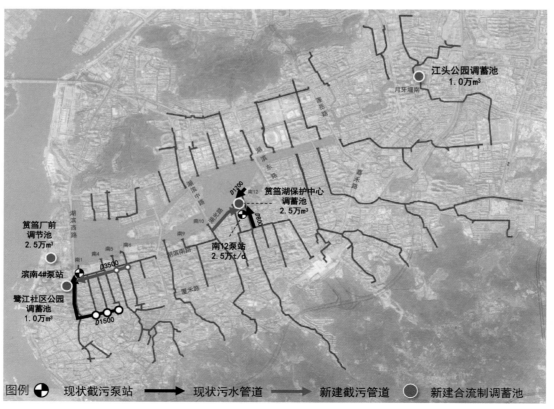

图5　筼筜湖流域溢流污染控制设施规划图
Fig.5　Planning of overflow pollution control facilities of Yundang Lake Basin

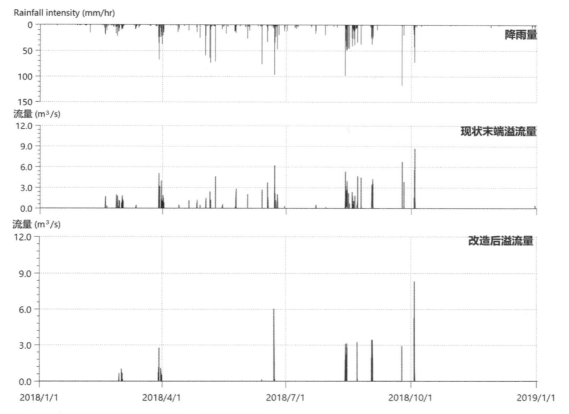

图6 改造前后溢流情况对比图（以南10#排洪沟为例）

Fig.6 Comparison of overflow before and after renovation (with South 10# Flood Discharge Ditch as an example)

排放至污水处理厂处理，与筼筜污水处理厂前调节池联合调度，流域总调蓄规模达到9.3万m³，减轻了截污系统与污水处理系统负荷（图5）。经模型模拟验证，近期改造后，环湖排洪沟溢流频次全部降低至10次以下，达到了规划治理目标（图6）。在规划新建的智慧监控与自控平台融入水力模型，实现流域排水系统的智慧化管理，优化调度管理水平，最大化发挥每处排水设施的功能，协同控制溢流污染。

3.5 优化分区，提升既有设施能力

筼筜污水处理厂设计规模30万t/d，服务人口约87.5万，旱季污水量约23.7万t/d，发生20mm以上降雨，污水处理厂即超负荷。污水处理厂前共3座主泵站，滨南4泵站服务南岸第一干管，利用率不足一半；而夏禾泵站、滨北3泵站分别服务南岸第二与第三干管、北岸截污干管，旱天已满负荷，雨天无富余提升能力。

针对污水处理厂站设施规模难以匹配雨季截污系统污水提升与处理需求问题，规划分离湖里西片区、筼筜湖东片区污水至拟新建扩建的高崎北、前埔污水处理厂，为筼筜厂腾出10万t/d规模，用于处理雨季溢流污水。改造泵站收水范围，充分发挥各设施能力，满足雨季提升需求（图7）。开展排洪沟、管网与泵站等排水设施的健康度排查，修复环湖破损严重管段和老化泵站，减少地下水渗入排水系统，恢复设施运行效率。

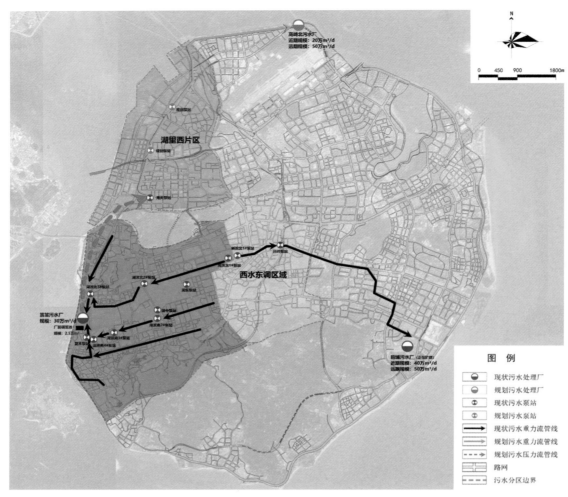

图7 筼筜湖流域污水分区优化规划图

Fig.7 Sewage zoning optimization planning of Yundang Lake Basin

3.6 搞活水体，改善湖体动力条件

规划新建第二排涝泵站50m³/s，提高流域排涝能力至50年一遇，缩短筼筜湖与西海域水体交换能力至半天。扩建补水泵站及配套管道，补水泵站由10万t/d扩建至30万t/d，松柏湖、天地湖增设9处补水点，重点强化上游水体补水能力，更新补水死角（图8）。规划提出4组补水方案进行比选，经模型模拟，选取水动力改善效果最佳的一组方案，实现在降雨后3天内基本完成全湖水体更新，有效提高了筼筜湖水体交换能力（图9）。

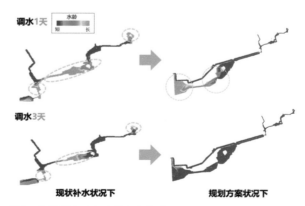

图9 筼筜湖水动力改善方案模拟图

Fig.9 Simulation of hydrodynamic improvement scheme of Yundang Lake

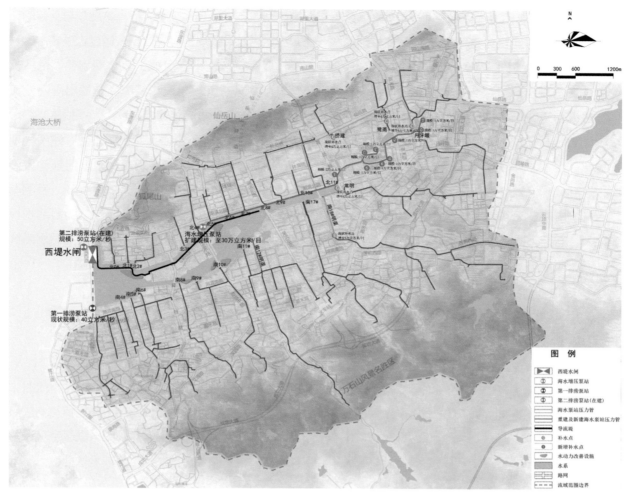

图8 筼筜湖水动力改善工程规划图
Fig.8 Hydrodynamic improvement project planning of Yundang Lake

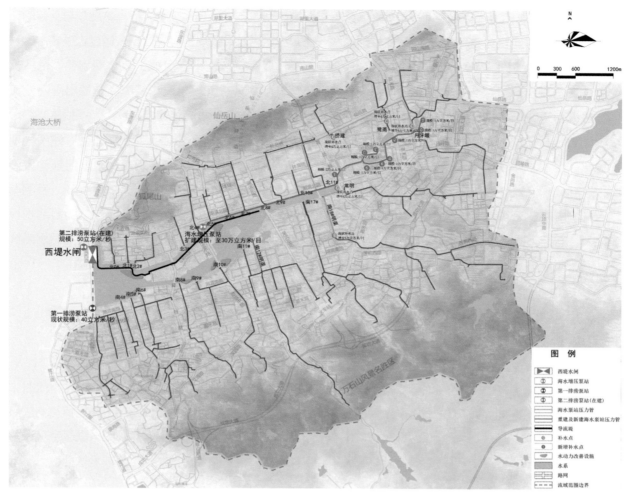

4 | 特点与创新

（1）规划探索了面向实施与效果导向的高密度建成区雨天溢流污染控制技术体系。雨天溢流污染是城市水环境反弹的重要原因，是国内外普遍性的难题。过去数十年，美国、日本及欧洲国家针对CSO污染控制开展了大量研究与实践，上至国家法规政策，下到城市规划与工程实践，已形成较完整的技术体系。我国降雨特征和城市建设模式与欧美国家差异较大，降雨季节分布不均、管网建设标准低、城市硬化率高，特别在降雨频率较高的南方地区，深受溢流污染困扰。目前我国对CSO污染控制研究仍较为滞后，缺乏统一的标准与完善的控

制体系。

本规划探索了高密度建成区高品质水环境治理技术方法，针对筼筜湖溢流污染问题突出的核心问题，坚持流域视角和系统统筹治理思路，改变过去末端大截排的治理方式，坚持源头治理、系统治理、综合治理，捋顺雨水和污水、水中和岸上、近期和远期、工程和管理的关系，摒弃片面雨污分流和大规模深隧截污的做法，基于投入产出比和社会影响，因地制宜保留了历史街区等合流制排水体制，探索了面向实施和效果导向的老城区雨天溢流污染控制技术体系。该案例具有较强的代表性，可

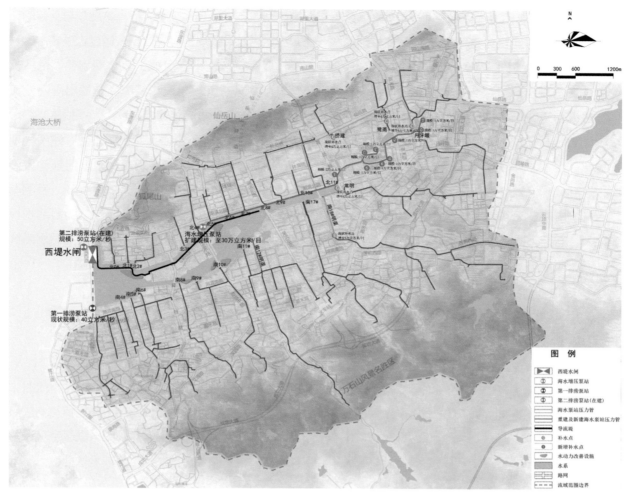

以为国内其他城市河湖水环境治理提供参考。

（2）规划方案聚焦笕笪湖上游流域复杂的排水系统，采用先进的数学模型，辅助CSO污染控制方案的制定优化与实施效果评估，为设施布局、规模与运行调度规则提供有力支撑。构建了笕笪湖流域"径流控制、在线调蓄、末端截污、厂站处理、达标排放"有机定量联动的控制体系，达到年均溢流频次不高于10次的溢流污染控制目标，实现比分流制排水体制更优的污染控制效果。

（3）规划方案在编制过程中，充分与相关专项规划衔接，推动了政府决策。本规划与上位的市级层面污水专项规划同步编制，通过对关键方案开展专题论证与比选，反馈至上位规划予以落实。第一版规划方案提出时，厦门尚未提出雨污分流计划，南岸整体按照合流制考虑，为达到CSO污染控制目标，需要建设18万m³调蓄池，建设周期长、影响大。经多轮汇报和探讨，最终推动厦门市政府决策，在全市范围内推行雨污分流，笕笪湖流域90%以上区域全面实现分流制，调蓄池规模缩减至4.3万m³，大大降低了工程难度与污水系统负荷。

5 | 规划实施情况

目前，规划方案生成的各项治理工程正在有序推进，排水系统正本清源改造工程、南湖公园西园调蓄池工程、松柏湖清淤工程及"西水东调"生态补水工程这4项重点工程已初见成效，沿河截污干管及重点泵站修复2项工程正在前期谋划。同时，规划方案内容纳入了《厦门市经济特区笕笪湖区保护办法》条文，并作为前置规划列入湖区专项保护规划，为笕笪湖保护立法提供了技术依据。

6 | 结语

通过笕笪湖流域治理规划方案编制，有效衔接了笕笪湖立法保护、相关专项规划、项目实施以及运维管理等多个层级。本规划批复后，项目团队继续为厦门提供为期两年的跟踪与技术服务，全过程参与指导各项治理工程的设计、建设与评估，定期更新基础数据，应用数学模型评估建设成效，动态反馈，优化调整项目实施计划，探索了从规划编制到落地实施的全过程指导与动态反馈治理模式，为将笕笪湖打造成为厦门市生态文明实践样本提供了有力支撑。

09 十堰市竹溪河水环境综合治理规划方案

Comprehensive Water Environment Improvement Planning Scheme of Zhuxi River

项目信息

项目类型：专项规划
项目地点：湖北省十堰市竹溪县
项目规模：流域面积659km²
完成时间：2020年12月
委托单位：十堰市竹溪县住房和城乡建设局
获奖情况：2023年度湖北省优秀城市规划设计奖二等奖

项目主要完成人员

项 目 主 管：王家卓
技术负责人：王欣
项目负责人：栗玉鸿
主要参加人：郭紫波　孔烨　周霞　张春洋　王欣
执 笔 人：栗玉鸿　孔烨

项目简介

　　湖北省十堰市竹溪县是"南水北调"的重要水源涵养区，竹溪河水环境保护要求高、治理难度大。本次规划方案坚持流域统筹、系统治理的思路，通过实地监测、现场摸排等手段，开展了详细的污染物组成调查和成因分析；在此基础上，以水环境稳定达标为目标，通过技术经济比较，合理确定了不同来源污染物的削减指标。治理方案制定过程中充分结合竹溪河流域范围内城镇和自然生态环境特点，将工程治污与生态治污有机结合，构建了统筹城乡污水提质增效、流域面源污染治理与生态修复的综合举措。本次规划方案有效解决了乡镇流域水环境治理过程中污水收集难度大、水质水量不稳定、面源污染点多面广、景观生态难统筹等问题，探索了乡镇地区流域综合治理新思路。

INTRODUCTION

Zhuxi County in Shiyan City, Hubei Province is a major water source conservation area for the South-to-North Water Diversion Project, and Zhuxi River within the county shoulders the mission of transporting clean water northward, which thus has high demands on water environment protection and poses great challenges for its governance. In this planning scheme, emphasis is placed on upholding the thought of basin-wide coordination and systematic governance, and carrying out detailed investigation on pollutant composition and related cause analysis by means of on-site monitoring, field survey, etc. Based on this, the targets for reducing pollutants of different sources are reasonably determined through techno-economic comparison, aiming to achieve the goal that water environment reaches the standard steadily. In the process of formulating the governance plan, by taking into account the characteristics of the urban and natural ecological environment of the Zhuxi River Basin, efforts are made to develop comprehensive measures through organic combination of engineering pollution control and ecological pollution control, such as improving the quality and efficiency of urban sewage treatment, controlling non-point source pollution in the river basin, and restoring the ecological environment. The planning scheme effectively solves the problems such as difficult sewage collection, unstable water quality and quantity, widely distributed non-point source pollution, and uncoordinated landscape and ecology during water environment governance of the river basin in the township/town region, and explores new ways for comprehensive watershed management in township/town areas.

1 | 项目背景

竹溪河位于十堰市竹溪县,丹江口水库上游,属于汉江水系。竹溪河源出竹溪县蒋家堰镇龙山凹,由西北向东南流经中峰镇、城关镇、水坪镇,于竹溪县县河镇楂家沟入县河,至竹溪县与竹山县交界处的两河口,汇入汉江支流堵河。竹溪河在竹溪县内流域面积约为659km²,占竹溪县全县国土面积的20%左右,沿河集中了竹溪县50%以上的耕地和70%以上的人口,是全县主要的生产生活空间,水环境保护压力较大。

竹溪流域内以丘陵地形为主,乡镇建设用地和耕地集中分布在竹溪河河谷两侧相对较为平整区域(图1),污染物排放相对集中,且缺乏缓冲净化空间,污染物就近入河进一步加剧了水环境的保护治理难度。

但随着竹溪流域范围内的人口聚集和工农业不断发展,污染物的产生和排放日趋复杂,单纯依靠建设污水管网厂站进行污染控制的做法已经不能满足流域污染控制的需求,竹溪河部分断面水质无法稳定达标,水环境保护压力不断增大。监测显示,2018年8月至2019年3月的213天内,竹溪河城关镇下游河段水质Ⅲ类达标天数仅为18天,达标率8.45%。为确保南水北调的水质,2019年竹溪县启动了本次规划方案编制,以期从流域层面指导当地系统推进水环境治理工作。依此规划,竹溪县建设了大量的污水收集处理设施,2021年全县已建成13个乡镇污水处理厂,污水管网覆盖率达99.01%,污水收集率达81.4%,有效提升了竹溪河等全县河道水质。

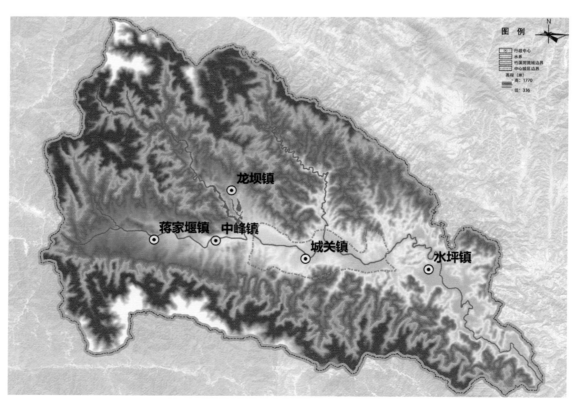

图1　竹溪流域地形图
Fig.1　Topography of the Zhuxi River Basin

2 | 规划思路

规划以控制污染物总量为基本原则。根据流域范围内的污染物定量监测与分析，确定不同来源和类型污染物排放负荷，并核算竹溪河在Ⅲ类目标水质条件下的最大可承担污染总量，从而确定污染物总量削减目标；在此基础上，结合不同来源污染排放贡献度、治理难易程度等因素开展技术经济分析，确定不同来源污染控制的分项控制指标，实现

污染减量和达标排放；并通过生态修复和活水保质整体提升流域的生态自净能力，实现竹溪河流域的"长制久清"。

在具体治理方案的制定过程中，充分结合污染来源的空间分布情况，按照农村污染、城镇污染等进行整体统筹，制定具有针对性的控制举措（图2）。

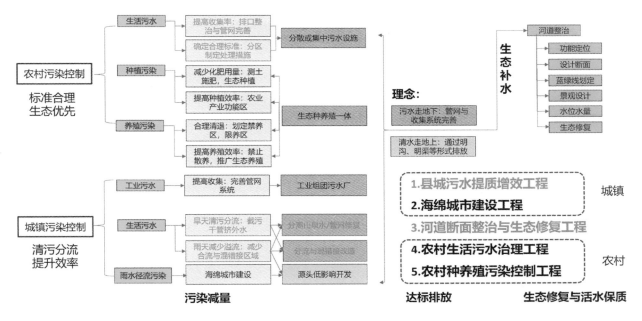

图2 竹溪流域水环境综合治理技术路线图
Fig.2 Technical roadmap for the comprehensive water environment improvement of Zhuxi River

3 | 主要内容

3.1 细致研判污染时空分布特征

规划通过水质监测、沿河排口摸排、管网检测、污水处理厂运行数据分析、模型模拟等工作，对污染来源进行了调查分析，按照污染排放的类型，识别了污水处理厂前旱天溢流等9项内容（表1）。9项污染来源中，以污水处理厂前旱天溢流、截污管道雨天溢流、污水处理厂尾水排放、

农村生活污水排放为代表的生活污染累计占比达到67.6%～87.4%，其中占比最高的是城镇生活污水处理厂前的旱天溢流，COD排放量占比达到41%以上，总磷排放量占比达到45%以上。

空间分布上，占比最高的主要是城镇地区的生活生产污染排放，主要集中在流域中游的县城和几个镇区；其次为乡村地区生活和种养殖污染，结合

大类	分项	污染占比（%）			空间分布	时间分布
		COD	总磷	氨氮		
生活与工业污染	污水处理厂前旱天溢流	41.4%	45.5%	51.0%	城镇	旱天
	截污管道雨天溢流	6.1%	6.7%	7.6%	城镇	雨天
	污水处理厂尾水	6.8%	5.0%	6.6%	城镇	全年
	农村生活污水	13.3%	20.3%	22.2%	乡村	全年
	工业区尾水	1.9%	0.0%	0.5%	城镇	全年
面源污染	农田径流	10.7%	3.7%	1.3%	乡村	雨天
	畜禽养殖	6.8%	17.5%	8.4%	乡村	全年
	城镇面源	10.7%	1.0%	1.2%	城镇	雨天
内源污染	底泥污染	2.2%	0.4%	1.2%	河道	全年

农村地区的分布特征，主要集中在流域上游的龙坝、蒋家堰、中锋等农业生产为主的地区；占比最低是竹溪河内部的底泥污染，主要集中在竹溪河流经县城时的蓄水造景区域。

时间上分布上，占比最高的是旱天污水的溢流排放，说明城镇污水收集处置系统还有较大短板；其次是全年都有释放的厂站尾水、养殖废水和底泥污染等；占比最低是雨天溢流和面源污染。

按照竹溪河Ⅲ类水环境目标测算，流域范围内污染物削减量应达到现有排放量的50%以上。根据不同来源污染物排放量和时空分布特征、污染贡献程度、治理难度等因素，综合确定通过有效减少污水处理厂旱天溢流、提高农村生活污水收集处理水平，可消除41.4%和13.3%的污染排放量，已经能够满足污染削减总量的要求，因此优先开展流域范围乡镇污水提质增效、提高污水收集处理效能是首要考虑的工作。同时，通过乡镇污水提质增效工作，还能够同步改善雨天溢流、促进尾水回用减少排放等，进一步降低污染负荷；况且生活污水收集处理相对集中、工艺成熟度高、难度远小于非点源污染，可作为重点内容开展。底泥污染、畜禽养殖污染以及城镇面源和农业面源则由于分散且覆盖范围广、无法快速见效，其近期削减目标都不宜过

高，应采用久久为功的思路稳步推进，通过充分结合海绵城市理念、全域开展生态治理等工作，实现绿色设施对污染物的截留、净化。

3.2 恢复自然清水通道，控制污水旱天溢流

根据污水处理厂服务范围内人口情况进行水量平衡分析，现状污水处理厂规模完全可以满足服务范围的污水产生量，旱天溢流情况可确定由大量外来水进入导致。这不仅造成污水收集处理率低，现有根据水量付费的模式也会严重增加政府的财政负担，因此分析外水来源，开展清污分流是减轻旱天溢流、实现高效控污的首要工作。

（1）系统开展外来水调查

根据排水管网的系统排查和分析，造成旱天外来水大量收集的根本原因是沿河截污系统造成的清污不分，体现在两个方面（图3、图4）：一是随着城镇建设，原有的山泉水通道被覆盖，导致山泉水不得不进入现有管网系统，管网内清水污水全部通过沿河干管收集至污水处理厂前；二是沿河截污干管长期位于河道水位以下，破损渗漏导致河水入渗严重。通过现场水量监测以及污染物和水量平衡测算，污水系统中旱天清水达到2.1万t/d，占到污水处理厂规模的70%，其中截留山泉水每日1.3万t，

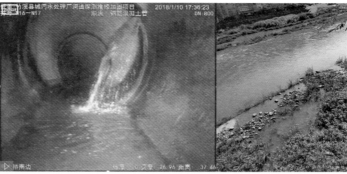

图3 竹溪污水系统中的典型外来水（左：山泉水；右：河水）
Fig.3 Typical extraneous water in the sewage system of Zhuxi River (above: mountain spring water; below: river water)

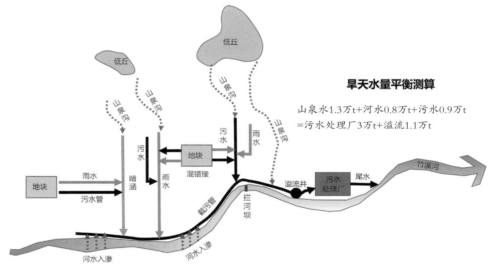

图4 竹溪污水系统中的典型外来水来源示意图
Fig.4 Source of typical extraneous water in the sewage system of Zhuxi River

旱天水量平衡测算

山泉水1.3万t+河水0.8万t+污水0.9万t
=污水处理厂3万t+溢流1.1万t

主要山泉水截流汇入点12处；沿河截污管道的破损造成河水的入渗量不低于每日0.8万t，主要渗漏管线长度约3.7km。

（2）恢复山泉水通道

现场排查12处山泉水通道基本都改为城市排水暗涵，受现状建筑与用地限制，近期缺少恢复为明渠的空间。为此，方案以充分利用现有暗渠，将其改造恢复为清水通道的主要措施，远期结合用地规划逐步打开。具体改造方案根据暗涵尺寸、现有道路断面条件等情况综合确定，优先通过暗涵两侧新建断面需求小的污水管线，保留暗涵为清水和雨水通道；若道路建设条件受限，暗涵两侧难以建设，规划暗涵内建污水管线。对于原山泉水通道已全部掩埋、无暗涵的道路，通过雨污分流利用雨水管线作为清水通道，并进行水质定期监测；暂时无法进行雨污分流改造的路段，根据山泉水规模，近期单独建设清水管线或路面清水边沟。方案针对排查确定的12处山泉水汇入点（图5），规划通过独立清水管线和沟渠建设5处清水通道；规划通过周边管网混错接改造、涵内外新改建雨污水管道建设7处雨水清水通道，从而实现山泉水和污水的分离。

（3）恢复河道自然水位

为改变沿河截污干管长期淹没于河道水位下的状态，竹溪县已将部分区域管线迁改上岸，但县城老城区用地紧张，缺少迁改空间，只能开展管线原位修复工作。根据2017年老城区干管修复前后县城污水处理厂水量水质对比，修复期内外水量减

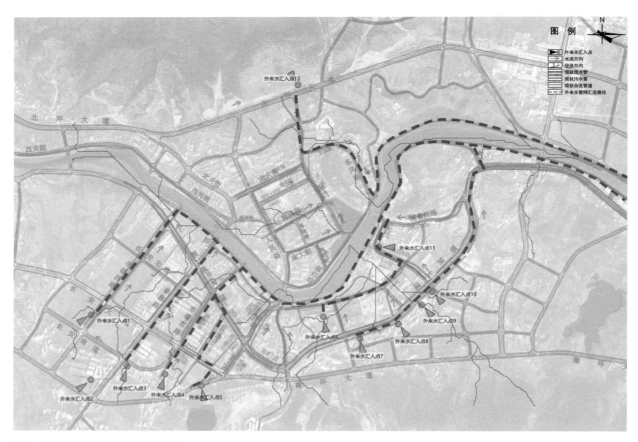

图5 主要山泉水汇入位置和流向图
Fig.5 Inflow location and direction of major mountain spring water bodies

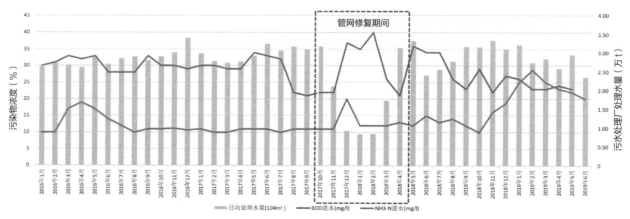

图6 管网改造过程中污水处理厂浓度的变化
Fig.6 Changes in concentrations of the sewage plant during pipe network renovation

少、浓度提升的成效显著，但一旦恢复河道高水位运行，外水入渗情况难以避免（图6）。为此本次规划提出了尊重河道自然状态、降低河道水位的思路，以期根本性解决河水入渗的问题。

方案充分尊重竹溪河地形条件与现状堤岸形式，根据河道来水量等实际情况，以恢复山区河道日常浅水位、小水面的形态为基础，从利于水体流动、促进河道自净、减少河水倒灌等角度分析了适宜的河道宽度与水深，分段明确了适宜的河道生态景观定位，提出了适宜山地丘陵地区的河道景观断

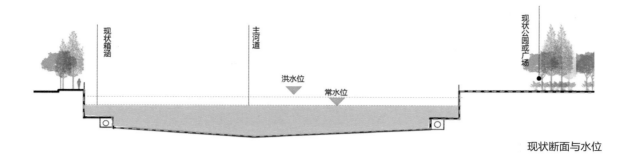

现状断面与水位

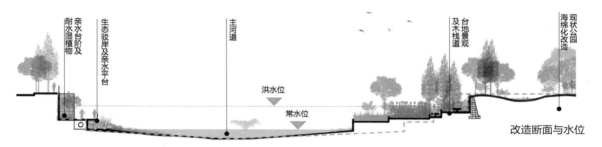

改造断面与水位

图7 典型改造前后断面设计图
Fig.7 Design of the section before and after renovation

面以及相应水深、流速等参数。最终确定竹溪河断面采用复式断面为主，主槽宽度在20~30m、主槽水深不超过1m，其余空间作为旱涝两宜的河滩空间（图7）。枯水期流量小，水体在主河槽中，通过浅水位保证流速、减少补水量、利于复氧；河滩地以生态湿地、景观游憩空间为主，平时可供市民亲水嬉戏。降雨排洪时，主河槽水位上涨进入河滩地，保证行洪断面的同时，也通过水位的变化提供更好的雨洪滞蓄能力。同时该措施还同步解决了河道底泥淤积和污染释放的问题，一举多得。

3.3 推进混错接改造，控制雨天溢流

通过分离山泉水和河水，能够有效改善污水处理厂旱天满负荷、无雨天溢流调节能力的情况。但现有污水系统混错接情况并未有效改善的状况下，竹溪流域暴雨量大，仍会发生一定程度溢流。据监测，降雨时污水处理厂进厂污染物浓度最大下降60%（图8），大量污水溢流进入河道，因此急需通过混错接改造和海绵城市建设降低进入污水系统

的雨水径流。

方案编制过程中，同步开展了管网混错接排查工作，共查出市政混错接点168处、涉及混错接（合流）严重小区35处。为保证改造成效，方案按照排水分区整体推进的原则（图9），制定了雨污混错"一点一策"接改造方案。近期重点结合山泉水通道建设位置进行混错接改造，同步实现旱天清污分流和雨天雨污分流。

3.4 充分发挥自然净化能力，提升排放标准

（1）合理确定排放标准，确保达标排放

对污水处理厂尾水提标和农村污水处理设施达标改造，能进一步减少排入水体的污染物总量。但对于县城和乡村地区，由于其污水量小、冲击负荷大，以场站设施提标为主的思路需要较高的建设和运行成本，也对运维过程提出较高的要求，实际往往由于缺乏资金和人才，达标率往往不尽如人意。

本次规划从污染减量角度出发，不追求过高出水标准，而是结合流域内乡镇人口分布情况、地形

特点、受纳水体水环境功能目标和现状、乡镇周边自然生态空间分布特征等因素，按照子流域开展不同片区污水产生规模、管网厂站规模与距离最优、尾水排放出路等技术经济分析，划定了集中与分散污水处理设施的建设服务范围，合理确定了厂站设施处理标准（表2）。集中污水收集处理设施主要位于4个镇区以及距离镇区2km范围之内的区域，按照城镇污水一级A标准建设，其余区域以小型、分散污水处理设施为主，并根据水功能区划等因素，分别实施农村污水一级~三级标准，逐一明确了全流域

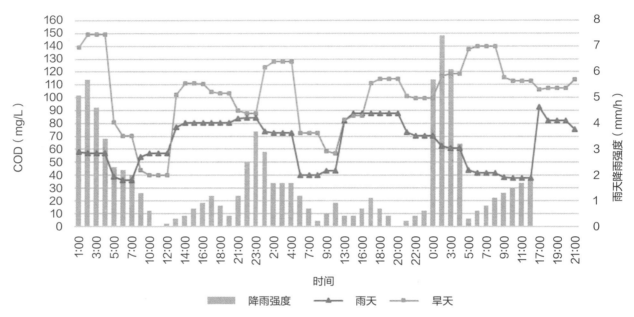

图8　降雨与旱天污水处理厂浓度的对比
Fig.8　Comparison on concentrations of the sewage plant during rainfall and in dry days

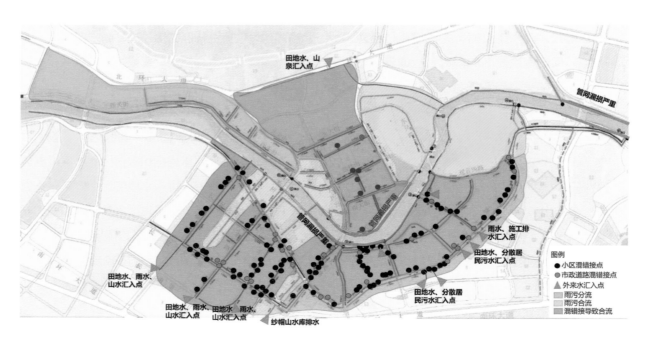

图9　管网病害导致主要外来水入侵点位管网分布图
Fig.9　Distribution of the main extraneous water infiltration points caused by pipe network defects

变革与创新　中规院（北京）规划设计有限公司　优秀规划设计作品集Ⅲ

176个村庄的建设规模和处理标准要求（图10）。

（2）强化生态综合治理，提升控污水平

在确保污水稳定高效收集处理的基础上，方案充分结合农村地区生产生活实际以及自然空间分布情况，构建了工程措施与生态措施综合施策的方案（图11）。首先推广利用现有的农田灌排渠道与附近的荒地、废塘、洼地和沼泽等低成本的建设生态化尾水处理设施，提高污染物削减水平；其次出水也可再次回用于农田灌溉等，实现节水治污；最后，广泛分布的生态化的处理设施还能够与面源污染控制举措和区域生态景观有效衔接，取得综合效益。

农村生活污水排放标准等级分类表　　　　　表2
Grading of rural domestic sewage discharge standards　　Tab.2

排放去向	水功能区划要求	排放等级	COD（mg/L）
100t/d以上			
—	—	城镇污水一级A排放标准	50
100t/d以下			
竹溪河	保护区	农村生活污水一级标准	60
洛家河	保留区	农村生活污水二级标准	100
冯家河	保留区	农村生活污水二级标准	100
龙王河上游	保留区	农村生活污水二级标准	100
龙王河干流	开发利用区	农村生活污水二级标准	100
其他河流	—	农村生活污水三级标准	120
城镇污水处理厂服务范围	—	城镇污水一级A排放标准	50

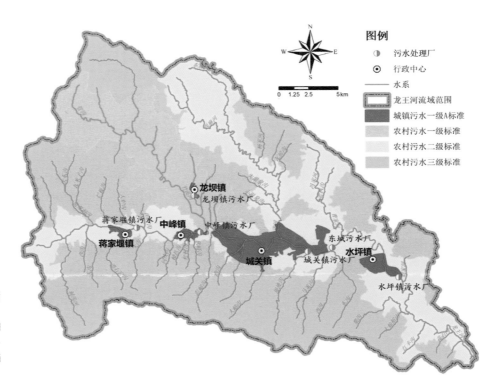

图10　竹溪河流域农村生活污水排放标准分区图
Fig.10　Zoning of rural domestic sewage discharge standards in Zhuxi River Basin

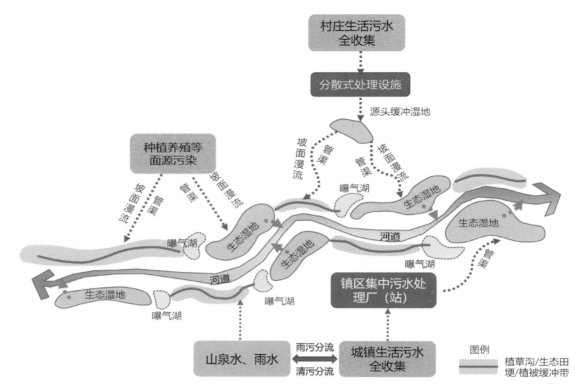

图11　流域灰绿结合治理体系
Fig.11　Gray-green combined improvement system

4 | 特点与创新

（1）方案探索了较大尺度流域水环境治理的具体路径。以流域污染分析为基础，全流域统筹开展系统治理已经成为水环境治理的基本共识。但实际操作过程中通常运用于较小尺度的河道治理工作，在较大尺度上通常以概念性策略为主，具体工程的目标、作用和相互关系不够清晰。本次规划探索了较大尺度上流域水环境治理的具体路径，细化了污染分析过程、识别了重点污染来源并制定了详细的治理方案，对于点多面广的农村污染类型，也提出了合理的分区分类治理标准、要求和设施规模建议，能够较好地指导工程项目的落地实施，具有一定的代表性和参考意义。

（2）方案坚持了工程治理与生态治理相结合的方式，达到了效果最优。坚持将污染物削减作为基本原则，不拘泥于单一类别设施的排放达标，而是确保总量削减，转变了常规重末端处理、轻全面收集的工作路线。在城镇污水系统治理上，坚持将挤外水作为主要方向，不盲目扩容提标，提出了恢复清水通道和降低河道水位的具体措施；在乡村污水治理上，坚持稳定收集处理为重点，不盲目高标准建设，分区提出了具体治理标准和生态化治理措施，从而实现了低工程投入、低运行投入、高污染控制水平的效果。方案扭转了末端截污的思路，采用了源头、过程、末端的综合治污方式。

5 | 规划实施情况

目前，项目相关工程正稳步推进过程中，滨河截污干管修复、山泉水分流工作初步完成，基本实现了清污分流；管网排查与合流制管网与混错接改造正逐步实施，部分排水分区已经彻底实现了雨污分流；现有污水处理厂进厂水量下降，溢流情况明显改善，污水处理厂进水COD浓度提升了约30mg/L。农村污水收集处理设施建设与农业面源污染控制措施按照规划指引正有序推进。竹溪河城区段已经开展了降水位和上游河道生态修复工作，减轻河水入渗的同时恢复了水体自净能力，提供了多功能水空间。通过多措并举的项目建设，竹溪河水质得到明显改善，根据相关数据，竹溪河水质自2021年以来实现了稳定达标。

6 | 结语

本项目在编制过程中同步开展了实施计划的起草等工作，将竹溪河治理工作从纸面落到实处。2019 年竹溪县第十八届人民代表大会第四次会议形成了《关于加强竹溪河流域水环境治理与生态修复的议案》，将竹溪河流域水环境治理与生态修复工作纳入人大决议，有力推动了项目的实施。

10 辽源市城市黑臭水体整治示范城市实施方案

Implementation Plan for the Construction of Demonstration City of Urban Black and Malodorous Water Body Treatment in Liaoyuan City

▌ 项目信息

项目类型：专项规划
项目地点：吉林省辽源市
项目规模：46.3km²
完成时间：2021年12月
委托单位：辽源市城市管理行政执法局

项目主要完成人员

项 目 主 管：王家卓
技术负责人：吕红亮
项目负责人：栗玉鸿　郭紫波
主要参加人：张思家　马步云　吴志强　王生旺
执 笔 人：栗玉鸿　郭紫波

▌ 项目简介

辽源市仙人河为东北寒冷山地丘陵区域季节性河流，治理难度大且难以"长制久清"。规划按照系统思维对水环境治理进行整体考虑，在对流域污染物进行深入分析的基础上，通过污染物定量分析，构建了相互联动的"源头—过程—末端"系统整治方案。《辽源市城市黑臭水体整治示范城市实施方案》（以下简称《方案》）实施后仙人河水体水质得到显著提升，达到地表水环境质量Ⅲ类标准。

▌ INTRODUCTION

The Xianren River in Liaoyuan City is a seasonal river in the cold hilly area of northeastern China, which is difficult to improve and control. Taking the treatment of urban black and malodorous water bodies in Liaoyuan City as an example, efforts are made to comprehensively improve the water environment in accordance with systematic thinking. Based on an in-depth analysis of pollutants in the river basin, and through the quantitative analysis of pollutants, a systematic treatment scheme, which features the interconnection between source, process, and end, is established. After the implementation, the water quality of Xianren River has been greatly improved, reaching the surface water standard of Grade Ⅲ.

1 项目背景

1.1 水体概况

辽源市位于吉林省中南部，跨松花江、辽河两个流域，是东辽河上游重要城市。河流特点是坡降陡，河床浅，多弯曲，地表径流快，汇流时间短，河道多沙滩，河床不固定。辽源地区水资源主要来自大气自然降水，近30年年均降水量626.3mm左右，受季风影响，年变化率较大，时空分布不均匀，6~9月汛期降水可占全年降水总量的72.3%。仙人河位于辽河流域东辽河源头区敏感区，属于东辽河的一级支流，流经西安区和龙山区（图1）。

2016年，经专业部门检测，仙人河被认定为辽源市黑臭水体，并被列入国家黑臭水体名录。仙人河是辽源市建成区范围内唯一的黑臭水体，河道总长度19.3km，其中主河道全长13.3km、支流6km，流域面积35.5km²，多年平均径流量497万m³。

2019年，辽源市以本《方案》为技术支撑，以第一名的成绩成功入选国家第二批城市黑臭水体治理示范城市。

1.2 主要问题

仙人河水体上游13.5km为轻度黑臭水体，下游5.8km为重度黑臭水体（图2）。根据监测数据，开展黑臭水体治理前，仙人河COD范围为17~200mg/L，平均含量为113mg/L，表层水NH₃-N范围为3~39mg/L，平均含量为13mg/L。

1.3 成因分析

城市水体黑臭原因复杂多样，与城市所处地

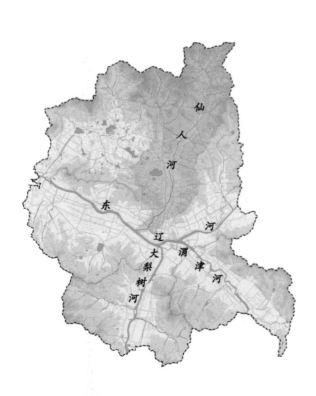
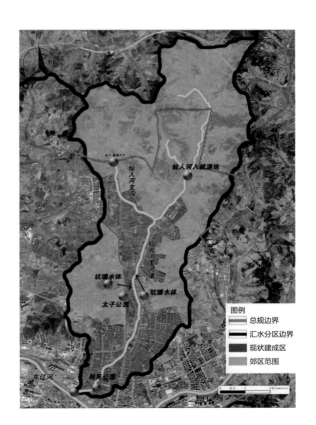

图1　辽源市水系流域分布示意图（左）及仙人河水系分布图（右）
Fig.1　Distribution of river basins (left) and Xianren River system (right) in Liaoyuan City

图2　辽源市仙人河黑臭水体段整治前实景图
Fig.2　Photos of the black and malodorous water body section of Xianren River in Liaoyuan City before treatment

域、气候条件等均有关联。仙人河水体黑臭的主要原因来自于建成区。针对仙人河黑臭水体的特点，通过对源头排水户、各类入河排口进行详细摸排，结合河道沿线水质、底泥污染、管网渗漏等连续监测工作，从旱季溢流污染、合流制溢流、初雨污染、内源污染及生态自净能力不足5个方面对其成因进行分析。

（1）外来水入渗，旱季溢流量大

由于地下水入渗，加之接入市污水处理厂的污水量不断增多，市污水处理厂已超负荷运行，2018年市污水处理厂实际处理水量为11万t/d，超出设计规模1万t/d，并且污水系统上游已经出现了旱季溢流，是仙人河最大的污染贡献源。主要是辽源市地下水位较浅、管网埋深大，且截污干管多布置于河道内，沿河截污干管年代久远，地下水入渗、河水倒灌问题较为严重，结合监测数据，初步判断污水处理厂实际处理水量中含地下水入渗量约31000t/d。

（2）合流制片区截流能力不足，雨季溢流污染较高

根据2019年3月16日~2019年3月23日仙人河沿河污水干管监测数据，外来水入渗导致夜间干管持续高水位，日间甚至持续满管运行，导致仙人河现状截污干管无接纳雨水能力，雨季频繁溢流。仙人河合流制区域主要集中在矿务局总医院以南至辽河大路以北，区域内共有21个合流制溢流口。经测算，合流制排口溢流COD污染量达

1246.55t/d，NH₃-N污染量达73.1t/a，年溢流次数达24次。

（3）城区初期雨水污染较高，径流污染缺乏控制

结合降雨径流监测以及卫星遥感影像解译，核算排水区面源污染负荷，其中流域内初期雨水排放量达787.90万m³，初雨径流COD年排放量达到354.55t/a、NH₃-N年排放量达到14.18t/a。

（4）河道底泥淤积，内源污染释放水体

结合仙人河18处底泥采样点的监测数据，有约6.6km河段存在不同程度底泥污染，需要清理的平均底泥深度为1m。计算每年3~10月非冰封状态下河道底泥的内源污染负荷释放量，其中COD释放量达17.63t/a，NH₃-N释放量达8.92t/a，TP释放量达2.39t/a。

（5）滨河空间被侵占，生态自净能力不足

仙人河河道城区段生态空间紧张，滨河区开发过度，建筑物缺少控制，部分河段由于岸线开发不合理，造成滨河空间被公共建筑或居民建筑侵占。此外，仙人河地处辽河水系上游，无过境水，受气候变化影响，仙人河流域降水量偏少，天然补给量较小，地表水蒸发量大，1、2、11、12月均为枯水期，枯水期较长，加之仙人河目前没有开展补水工程，河道生态基流不足，枯水期部分河段还会出现断流现象，导致原有的水生环境遭受到严重破坏。

（6）污染汇总

仙人河污染源主要包括厂前溢流的直排污染、合流制溢流污染、初期雨水径流污染、河道内源污染等（表1）。经初步测算，厂前污水溢流的COD和NH₃-N负荷的比例分别为63.4%和63.0%，合流制溢流污染的COD和NH₃-N负荷的比例分别为28.2%和28.1%，初期雨水径流污染COD和NH₃-N负荷的比例分别为8.0%和5.5%，底泥内源的COD和NH₃-N负荷的比例分别为1.0%和3.4%。

变革与创新　中规院（北京）规划设计有限公司　优秀规划设计作品集Ⅲ

仙人河污染物负荷汇总表 表1

Summary of pollutant load in Xianren River Tab.1

污染物类型		COD (t/a)	NH₃-N (t/a)	总磷 (t/a)	垃圾量 (m³)	淤泥量 (万m³)
点源	污水处理厂厂前溢流（直排）	2802	164	11.23	—	—
	合流制溢流污染	1246.55	73.1	12.43	—	—
面源	初期雨水径流污染	354.55	14.18	未测算	—	—
内源	底泥	17.63	8.92	2.39	1200	7.5
总计		4420.73	260.2	—	—	—

2 | 规划目标和思路

2.1 规划目标

为贯彻落实习近平总书记关于辽河流域治理重要指示精神，坚持绿色发展理念，辽源市决心打赢以东辽河为重点的水污染防治攻坚战。仙人河作为东辽河一级支流，对东辽河的水体COD污染贡献值超过50%，通过仙人河治理，摸清辽源市污染底数成因，形成系统治理思路，从而更好地支撑辽源市以及东辽河流域的水污染治理工作。

仙人河黑臭水体整治总体目标为至2020年底，仙人河黑臭水体完全消除，基本实现"长制久清"。具体包括以下分项具体目标：①仙人河黑臭水体透明度大于25cm，溶解氧大于2mg/L，氧化还原电位高于50mV，NH₃-N小于8mg/L；②确保晴天或小雨时水体水质达标，中雨停止2天、大雨停止3天后水质达标；③加强环境质量建设，提高居民获得感，确保河道功能和景观方面均有良好成效，仙人河田家炳中学至美人蕉园段约3.1km（约占仙人河河段长度的30%）达到"水清岸绿、鱼翔浅底"的要求。

2.2 规划思路

对辽源市仙人河流域进行系统的综合治理，构建相互联动的"源头—末端"系统整治方案。结合仙人河入河污染物测算，按照黑臭水体指标目标，确定不同污染物的控制要求，从而针对性地制定工程任务。根据污染物初步测算结果，地下水入渗水、混错接、雨污合流等导致的旱天厂前溢流是污染主要因素，故而首先，需要通过污水处理厂改扩建工程提高污水处理厂处理能力，减少溢流污染，并实施截污干管迁改上岸工程，减少外水入渗；再结合截污干管改造、上游雨污分流改造确保旱天污水无直排、无厂前溢流情况；第二，是雨季的合流制溢流污染的控制，通过优化辽源市排水分区，减少合流制区域，对于难以改造的，通过海绵城市建设、增大截污倍数等工作提高合流制溢流污染的控制水平；第三，是控制初期雨水污染，先加大环境卫生的清洁力度，减少污染物的累积，之后通过海绵城市建设等工程，减少径流量并净化径流污染；第四，是控制河道内源底泥污染，开展清淤工作；第五，是实施生态修复治理及补水，通过实施生态修复治理和活水保质，全面提升河道生态修复自净能力，同时通过打造河道景观，营造水清岸绿、和谐文明的宜居环境（图3）。

此外，在高位推动的基础上，辽源市完善体制机制建设，通过绩效考核将黑臭水体治理变成城市水环境保护工作，各部门都承担相应责任与分工，并重点通过排污许可与排水许可加强日常监管，通过技术与资金保证，不断提高运维管理能力。

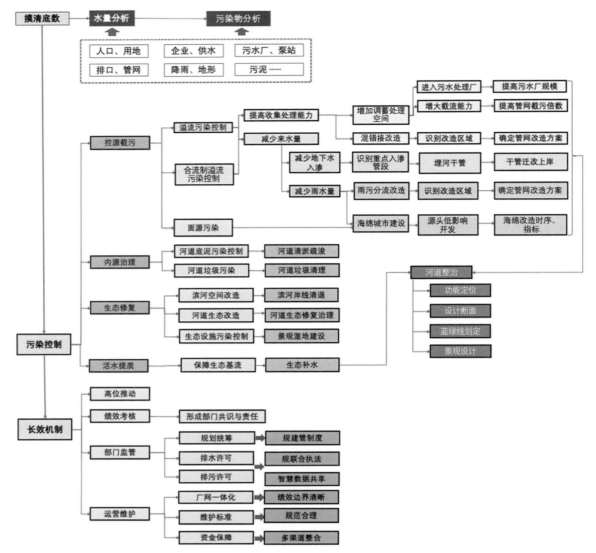

图3　辽源市黑臭水体治理技术推进路线图
Fig.3　Technical roadmap for the treatment of black and malodorous water bodies in Liaoyuan City

3 | 黑臭水体治理方案主要内容

3.1 控源截污

（1）开展截污干管迁移上岸，减少外水入渗

为有效减少外水入渗，有效控制旱季溢流风险，实施东辽河河道及其一级支流仙人河、梨树河的河底截污干管"上岸"工程，重新选择路由进行主干管的布局，并逐步实现雨污分流。相关工程实施后，河水倒灌、管网淤积严重等一系列历史遗留

问题得到了有效解决，污水输送能力以及雨污截流能力得到显著提升。经初步测算，通过截污干管迁移上岸可有效控制3万t/d的外水侵入量，现状市污水处理厂厂前溢流得到有效控制。

（2）推进雨污分流改造，减少合流制区域

为有效控制合流制溢流污染，辽源市政府从2017年开展了雨污分流改造工作。2017年辽源市

变革与创新

优秀规划设计作品集Ⅲ　中规院（北京）规划设计有限公司

排水体制主要为合流制与混流制，占比超过60%，合流制区域主要集中在老城区，混流制区域主要分布在仙人河东侧及东辽河南侧区域，经综合考虑征迁问题、施工难度等因素，在仙人河下游西侧部分区域及仙人河中游矿平胡同等区域近期仍保留合流制，未来结合海绵化改造或城市更新等工作，开展相应的合流制区域改造和径流控制工程，其余地区现已基本实现雨污分流改造，经测算，开展雨污分流改造工程后，现状分流制排水体制区域占比约85%（图4）。

（3）厂站提标扩容改造，减少入河溢流污染

为减少旱季厂前溢流污染，需对市污水处理厂开展扩建改造。经分析，现状污水系统日均溢流量约3万t/d，因此，按照现状理论污水产生量、外水入渗量对污水处理厂设计规模进行测算，近期需要处理的污水实际规模为13～14万t/d。考虑近期截污干管全部改造完成难度较大，周期较长，外来水入渗情况难以快速有效缓解。远期随着城市发展，污水量还会持续增加，且仙人河合流制溢流污和初

期雨水污染也需要进行控制，因此对现有生活污水处理厂进行扩容改造工程，将现状旱季溢流污水全部收集处理，并处理雨季溢流量约1万t/d。综合城市发展规模、污水收集系统的服务范围等实际情况，适当考虑冗余，将污水处理厂扩容6万t/d，总处理规模达16万t/d（图5）。2019年4月1日该项目正式开工建设，2020年1月1日已达到出水一级A+排放标准。

（4）推进海绵城市建设，控制雨水径流污染

为削减城市面源污染，推进海绵城市建设，结合城市功能布局与空间特点，辽源海绵城市的建设首先着重于"山水林田湖草"的保护。在龙首山、北山、栾家山、向阳山、黎明山等山体及区域内多处生态林地加大保护力度，形成森林生态涵养林地。强化鹿鸣湖、凤鸣湖、雨岫湖、烟霞湖等保护力度。此外，结合辽源市水系与绿地空间格局，构建以生态湿地为主的区域海绵设施体系，根据初步测算分析，海绵改造项目完成后，COD面源污染削减量可达248t/a。

图4 辽源市雨污分流改造前（左）及改造后（右）排水体制图
Fig.4 Drainage system of Liaoyuan City before (left) and after (right) the separation of rainwater and sewage systems

图5　辽源市污水处理厂提标改扩建工程鸟瞰图
Fig.5　Aerial view of the upgrading and expansion project of Liaoyuan Sewage Plant

图6　仙人河河段清淤工程施工现场图
Fig.6　Construction site of the dredging project of Xianren River

3.2 内源治理

仙人河底泥内源污染是重要的污染源之一，为有效控制河道底泥污染，2019年实施了仙人河底泥清淤与处置工程（图6）。仙人河河道清淤段全长6.6km，河槽最小宽度16m，部分加宽段堤距34～43.8m，平均清淤深度1m，平均断面20m，清淤量约13万m³。

根据《土壤环境质量　建设用地土壤污染风险管控标准（试行）》GB 36600—2018要求，仙人

河底泥检测结果满足第二类建设用地风险筛选值，因此将底泥全部运至东辽县日月星有机肥厂进行堆肥处理，并通过生态环境部门验收合格后用于绿化肥料。

3.3 活水保质

辽源市属于水资源短缺、用水紧张地区，采用水文学法中的经典方法Tennant法计算河流的生态需水量，仙人河径流量为487.5万m³，基本

变革与创新　中规院（北京）规划设计有限公司　优秀规划设计作品集Ⅲ

生态需水量为48.7万m³，目标生态需水量为195万m³。将生态需水量平均分配到5～10月后，根据生态环境缺水量计算方法，仙人河基本生态缺水量为3.1万m³，目标生态缺水量为52.6万m³。

考虑东北河流特点，中小河流冰冻期不考虑生态流量，冰冻期为11～次年4月份，生态补水时间为5～10月份，调节计算时间为5～10月份。以仙人河基本生态缺水量为目标，补水工程多年引水量为3.5万m³，最大补水流量是0.03m³/s；以目标生态缺水量为目标，补水工程多年引水量为57.8万m³，最大补水流量是0.12m³/s。

为加强仙人河上游源头来水的水质，有效提升上游的来水水质，辽源市实施了仙人河上游河段及其支流的补水工程，利用原有泵站及管线从上游引水至仙人河支流古仙河，并新建阀井1座，新建管线100m。

3.4 生态修复

结合河道坡度陡、河床浅及多弯曲的河道特点，不适宜在河道内建设大规模的生态净化工程，主要在河道源头及滨河空间实施生态修复，逐步恢复水体生态系统。

（1）建设仙人河入城湿地

为从源头净化仙人河上游来水，控制雨水径流污染，建设仙人河入城湿地。仙人河湿地主要来水为设计范围内降雨汇流，除净化水质外，还营造仿自然湿地，起到"海绵"作用，因此根据现状地形及支流汇入情况，设计在支沟汇入干流处进行微地形打造。综合考虑以上条件，确定建设面积约为10000m²的自然表流湿地（图7）。根据仙人河水质情况及流量，湿地BOD_5负荷值为90kg/hm²·d，进水水质BOD_5浓度30mg/L，出水设计值为6mg/L，按夏季去除率80%考虑，仙人河基本可达到Ⅳ类水体水质标准。

仙人河入城湿地工程从2019年4月开工，截至2019年底该工程已全部完工，该项目总投资为917.81万元，建成后增强了仙人河的防洪能力，改善了区域水环境条件，实现了水资源再生利用，并丰富了该区域的生物多样性，改善了区域生态景观。

（2）实施仙人河生态修复与治理，建设绿色滨河空间

为使仙人河河段实现"水清岸绿、鱼翔浅底"的要求，开展了仙人河生态修复工程与仙人河生态治理工程。其中仙人河生态修复工程包括岸坡修复工程4235m，水生植物种植64586m²。生态治理工程包含建造滨河缓冲带58218m²，海绵城市设施工程94900m²（包含雨水花园及绿化面积71175m²，植草沟3300m²，透水铺装23725m²）及其他配套服务设施（图8）。仙人河生态修复治理工程完工后，显著改善了河道的生态性及亲水性，并带动了两岸人居环境品质的显著提升。

图7　仙人河入城湿地鸟瞰图（左）及场地建设前（中）后（右）对比图
Fig.7　Aerial view of the wetland where the Xianren River enters the city (left) and comparison of the site before (middle) and after (right) treatment

图8 仙人河花鸟鱼市场征拆前
（左）后（右）对比实景图
Fig.8 Comparison of the
flower & pet market beside
the Xianren River before
(left) and after (right) land
requisition and relocation

4 | 项目特点及创新点

（1）坚持辽河源头系统治理，打造河源敏感区季节性河流污染治理样板

城区黑臭水体污染类型多样，涉及城镇、农业、内源等多个方面，还存在源头区水源涵养能力退化，水质、水量型缺水叠加问题，是辽河流域污染治理的缩影。《方案》统筹水环境、水生态等多个方面，系统推进黑臭水体治理工作，为辽河流域污染控制和生态治理提供了参考样板。

（2）强化本底系统调查分析，诊断黑臭水体污染核心问题

为形成全面详细的污染源数据，调查工业企业40多家、典型建筑小区20余处，排查各类入河排口400多个，对河道沿线水质、底泥污染、管网渗漏等进行系统连续监测，初步诊断识别3.1万t/d的外水入渗是导致水体污染的核心问题。

（3）理清黑臭治理思路，实施季节性河流全流域全要素系统治理

按照全流域、全要素系统治理原则，制定了以雨污分流和混错接改造为根本，截污干管改造挤外水为重点，底泥清淤、生态修复、活水提质等系列工程为治理方向的治理方案。方案通过科学设计过流断面、因河制宜生态补水等策略，结合30m滨河缓冲带退耕等措施，既保障了季节性河流枯水期生态基流，又提升了河道丰水期行洪安全。

（4）融入海绵理念绿色发展，灰绿结合促进资源枯竭城市弹性韧性

方案将原先"新建雨水调蓄池控制初雨污染"的思路调整为"融入海绵理念，强化源头径流减排"，更加符合辽源降雨频次较少的实际情况，避免过度夸大灰色设施功能，并结合采煤沉陷区生态治理，构建仙人河上游生态产业示范新区，培育城市新动能，助力辽源实现资源枯竭城市转型绿色发展。

5 | 实施效果

2016年辽源市启动黑臭水体整治工作，市委市政府高度重视，多次召开专题会议进行研究、推进。为消除仙人河黑臭水体，此后4年间辽源市实施了城区段污水管网截流改造、污水处理厂改扩建、河道清淤、生态修复等工程，总投资5.27亿元。目前已基本实现河道不黑不臭，透明度显著改善。

（1）水环境改善显著

现阶段仙人河黑臭水体全面消除，2015年仙人河黑臭水体超标核心指标为NH_3-N，2020年仙人河黑臭水体NH_3-N基本维持在1mg/L以下，相对2015年水体NH_3-N下降了96%，达到地表水环境质量Ⅲ类标准（图9），透明度、氧化还原电位、溶解氧等指标也至少连续6个月达到不黑不臭要求。国家采测分离监测数据显示，仙人河下游东辽河河清断面2020年1~2月份为Ⅴ类水质，3月份为Ⅳ类水质，这是自1986年设立河清断面有监测记录以来，首次在一季度消除劣Ⅴ类水体。

此外，仙人河河面及河岸垃圾全面消除，绿色空间显著增加，水生态改善显著，仙人河水体建立了完整的水生态系统，水景有明显提升，水体清澈见底，透明度在30cm以上；生物多样性增强，自净能力增强；河面及河岸景观得到显著提升。

（2）人居环境显著提升

仙人河生态修复与治理项目是仙人河黑臭水体治理的核心项目之一，并且与海绵城市、污水提质增效有效结合，该项目建成后仙人河水清岸美、生机盎然，河道整体景观鱼跃鸟翔、生机盎然，生物多样性高。仙人河河道岸线在满足防洪要求的基础上，按照生态理念进行设计，两岸被建设成为有色彩、有设计、有亮点、有美感、有活力的滨水岸带。沿河岸设置的慢行步行系统与城市水系统构成了空间骨架，为仙人河沿岸居民提供了优美的户外空间，滨河空间也成为辽源市市民娱乐、健身、休闲于一体的绿色生态空间（图10）。

仙人河生态系统、城市景观和空气质量的持续改善，使得水域与绿化走廊融合，独特的自然景观得以实现。公共休憩空间面积的扩大和环境质量的提高，较好地满足了广大市民对休闲空间和环境的需求，提高了居民生活舒适度（图11）。

（3）人民群众满意度持续改善

根据2020年度仙人河黑臭水体公众满意度调查显示，90%以上的人民群众对仙人河的治理工作表示认可，其中2020年8月开展的公众满意度调查有效数量为183份，100%的公众对整治效果答复非常满意或满意，人民群众获得感显著。

图9 治理后河道清澈见底
Fig.9 The clear river channel

图10 黑臭水体治理后仙人河滨水休憩空间实景图
Fig.10 Waterfront leisure space after the treatment of black and malodorous water in Xianren River

图11 仙人河煤校家属区生态修复治理前后对比图
Fig.11 Comparison of the residential area affiliated to the Coal School beside Xianren River before and after ecological restoration

6 | 结语

辽源市是我国东北山地丘陵区资源枯竭型中小城市典型代表，但经济基础薄弱，转型压力大，加之辽源地处于高寒地区，流域源头、用地紧张、自然水量少，自净能力差、渠化严重，少量的污染入河就会使得水质明显恶化，黑臭水体治理工作难度大。项目组按照简约适用的原则高质量编制完成了实施方案，并在过去3年多的时间里作为技术支撑持续动态地跟踪实施工程落地，保障了辽源市黑臭水体整治工作的顺利推进。

11 信阳市黑臭水体治理全过程技术咨询
Whole-Process Technical Consultation for the Treatment of Black and Malodorous Water Bodies in Xinyang City

项目信息

项目类型：专项规划
项目地点：河南省信阳市
项目规模：河南省信阳市中心城区现状建成区104km^2
完成时间：2021年12月
委托单位：信阳市城市管理局

项目主要完成人员

项 目 主 管：吕红亮
技术负责人：任希岩
项目负责人：王家卓　张春洋　范丹
主要参加人：王生旺　刘冠琦　王月　赵智　秦保爱　宋云鹏
执 笔 人：张春洋　范丹

河道实景
River after treatment

项目简介

　　2018年，中国城市规划设计研究院生态市政院助力河南省信阳市申报成为首批国家黑臭水体治理示范城市，并承担中心城区黑臭水体治理全过程技术咨询任务。技术咨询组针对当时排水基础设施建设薄弱、黑臭水体治理难度大、上级考核压力大等特点，从顶层方案制定、体制机制构建、项目设计把关、施工现场指导等方面为黑臭水体治理的全过程提供了三年贴身技术服务，探索了欠发达革命老区黑臭水体治理新路径，助力信阳市全面消除黑臭水体，打造了一批"清水绿岸、鱼翔浅底"的生态示范河道。

INTRODUCTION

In 2018, the Eco-Municipal Institute of CAUPD (Beijing) helped Xinyang City declare itself as one of the first national demonstration cities of black and malodorous water body treatment, and undertook the task of technical consultation for the whole process of the treatment in the central urban area. A number of problems existed at that time, such as lack of drainage infrastructure, great difficulty in the treatment of black and malodorous water bodies, and great pressure in face of performance evaluation by higher authorities. Considering these problems, the technical consultation team provided three-year accompanied technical services for the whole process of the treatment, including the formulation of top-level plans, establishment of promotion mechanisms, review of the project design, guidance on the construction site, etc. By providing comprehensive technical support to Xinyang City, this project explores a new path for the treatment of black and malodorous water bodies in under-developed old revolutionary areas, which facilitates the complete elimination of black and malodorous water bodies in Xinyang, and creates a number of ecological demonstration rivers with enjoyable scenery.

1 | 项目背景

　　河南省信阳市位于鄂豫皖三省的交界处，是典型的大别山革命老区欠发达地区。信阳市年均降雨量约1100mm左右，中心城区水系发达、河塘众多。2015年，信阳市共排查出中心城区黑臭水体62处（图1），其中内河类黑臭水体30处（分属18条内河），湖、塘、堰类黑臭水体32处，黑臭水体总长度为71.1km，黑臭水体总面积为4.69km²，黑臭水体数量占河南省一半左右，治理压力巨大（图2）。2018年信阳市成为首批国家黑臭水体治理示范城市，承诺在3年内消除全部黑臭水体并建

图1　信阳市62处黑臭水体分布图
Fig.1　Distribution of 62 black and malodorous water bodies in Xinyang

图2　2018年信阳市黑臭水体现场情况
Fig.2　Photos of black and malodorous water bodies in Xinyang in 2018

立相关体制机制。

黑臭水体治理是一个融合"厂网河"的复杂系统工程,看似问题在水里,实际主要工作在岸上和地下,核心是城市排水管渠系统。为了提高黑臭水体治理水平,信阳市委托中规院(北京)规划设计有限公司组成技术咨询组(以下简称"中规院技术咨询组"),作为政府第三方技术咨询机构为示范

城市创建提供技术咨询服务。

通过近3年的治理,中规院技术咨询组配合地方政府和主管部门,通过持续的驻场贴身服务,助力信阳市全面消除黑臭水体。在技术咨询过程中,中规院技术咨询组探索了城市黑臭水体治理的全过程技术咨询工作模式,获得了一些经验和心得。

2 | 目标和思路

根据国家政策要求及示范城市建设要求,中规院技术咨询组重点从项目问题识别、顶层方案优化、项目技术咨询、现场问题巡查、长效机制建设、培训宣传6方面,按照"控源截污、内源治理、活水补给、生态修复"的顶层治理思路,全

面协助信阳市系统开展黑臭水体治理示范城市创建工作,实现黑臭水体示范城市建设目标(图3)。示范期末,黑臭水体实现"清水绿岸、鱼翔浅底",水环境治理体制机制捋顺完善,实现"长制久清"。

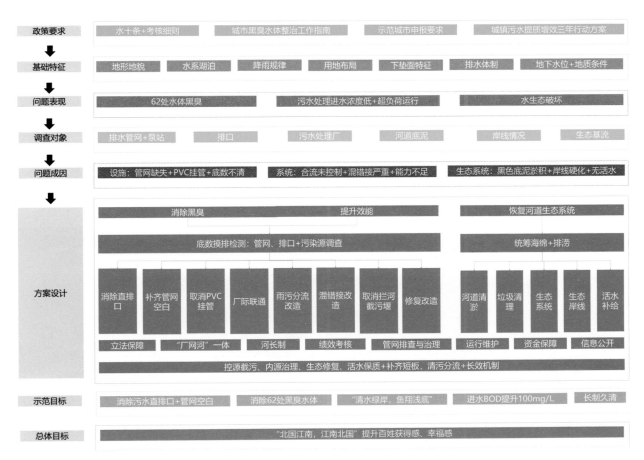

图3 信阳市黑臭水体治理技术路线图
Fig.3 Technical roadmap for the treatment of black and malodorous water bodies in Xinyang City

3 | 主要内容

3.1 系统排查，找准关键问题和成因

中规院技术咨询组进场开展工作后，发现中心城区黑臭河道排口底数不清，每条河道排口数量、排口类型、排口流量等基本情况不明，部分河道设计和施工出现"置之不理""逢口便截"两个极端，治理效果难以达到。为此中规院技术咨询组作为技术咨询部门，辅助管理部门组织开展沿河排口的基础摸排工作（图4），通过近一个月的时间，先后排查18条河道，摸排出3017个排口，使用最简单有效的"容积时间法"，测定排口旱天流量等属性，分析梳理排口类型，为后续的设计提供有力的基础数据。

除了排口之外，中规院咨询组还详细调查了现状排水基础设施情况，摸清城市水体黑臭的关键内在原因。

一是城市污水收集和处理能力短板突出。2017年，信阳市中心城区雨水管道约392km，而污水管道仅有150km左右，比雨水管道少了近一半，并缺少沿河南北向污水通道，导致大量污水干管断头进入暗涵和河道；同时，由于混错接、清污不分、河水倒灌等原因，污水处理厂持续满负荷运转，污水干管长期高水位运行，雨天时污水在转输途中容易溢流入河；此外，城区受京广铁路、宁西铁路的分割，部分沿河污水管道无法贯通，在铁路附近出现断头管污水排放至河道，被迫形成"拦河截污"，雨天溢流污染问题突出。

二是河道蓝绿空间被开发建设不断挤占，空间受限。老城区很多建筑贴河建设，截污管道无落位空间，新建城区很多已出让土地红线与河道蓝线有冲突，使得河道空间看似很宽，实则受限，导致部分河道采取了渠化的设计和改造方式。

三是城市排水管理机制不顺。信阳市原有排水管理模式为典型的市区两级分管，在市级层面，排水设施与其他城市公用设施共同归一个科室管理，没有专门的排水管理机构来进行维护；区级层面，由于资金和人员缺少，很多排水管网长期底数不清、缺乏养护。

3.2 厘清思路，及时开展技术纠偏

中规院技术咨询组发挥宏观把握、系统统筹等方面的综合优势，对信阳市正在开展的各项黑臭水

图4 信阳市黑臭水体治理过程中现场排口踏勘
Fig.4　Site survey during the treatment of black and malodorous water bodies in Xinyang City

体治理施工项目进行了细致调研和现场踏勘，主动发现问题、解决问题。例如，整体治理进度方面，发现部分项目施工安排不合理，部分治理工程避重就轻，积极开展郊野型已经消除黑臭的河道整治工程，对老城区较难治理的河道截污工程不重视。此外，河道设计和施工质量有待提升，很多现场用地条件较好的河道，普遍采取"一个断面到底"的渠化模式，部分整治后的河段生态景观效果还不如整治前。为此，中规院技术咨询组结合水环境治理分阶段治理的目标，立即向信阳市城市管理局提出优化建议，及时纠偏。

一是明确"先止血、后消炎、逐步康复"的统筹推进策略。"先止血"，集中精力开展截污和清淤工作，尤其是截污工作，优化污水管道建设方案，快速补齐关键空白区，将生活污水收集至污水处理厂，尽快消除污水旱天直排问题。2019～2020年，新建污水管网约205km，超过历史上污水管网建设量的总和。"后消炎"，甄别排口"一口一策"，尤其对于造成雨天溢流污染的混接排口以及暗涵末端排口，开展逆向溯源排查和整改，降低污水溢流入河风险。"逐步康复"，开展污水正向排查和雨污分流，提高污水系统效能，同时进行生态河道建设和景观绿化建设，提升建设效果。

二是坚持原则，提出调整整体施工时序的建议。针对不合理的治理方式，提出暂缓已经不存在黑臭问题的郊野河道治理以及明显不生态的河道治理工程，将主要精力放到尚未消除黑臭水体的河道，另一方面留出时间调整河道设计图纸，确保生态化治理。

三是中规院技术咨询组打造生态样板河段。面对很多河道渠化设计的问题，项目组一方面积极对接设计单位优化设计（图5）；另一方面又承担了二号桥河东支生态河道的样板设计，综合统筹生态河道蓝线与岸上土地开发红线的关系，为河道设计作出示范（图6）。

图5 对接指导设计院优化设计
Fig.5 Providing guidance for the optimization of design

图6 二号桥河治理后实景图
Fig.6 Photo of Erhaoqiao River after treatment

3.3 因地制宜，编制系统实施方案

根据国家黑臭水体治理示范城市要求，按照"控源截污、内源治理、生态修复、活水保质"治理思路，编制《信阳市黑臭水体治理系统实施方案》，谋划了黑臭水体治理8大类34项建设工程，总投资约39亿元，并由信阳市人民政府发布行动计划文件执行。控源截污方面，重点开展3项工作：一是取消沿河挂管，补齐空白污水管网57km，建设沿河南北干管79km，构建闭合的污水收集系统；二是摸排检测现状约657km雨污水管网，新建道路雨污分流管网136km，开展市政道路混错接改造，修复三级及以上缺陷污水管网，减少外水入渗入流，提高污水收集效能；三是建设第一和第三污水处理厂联合调度工程，降低第一污水处理厂负荷，增强城市排水系统韧性。内源治理方面，对底泥污染较为严重的11处内河和3处湖塘进行底泥清淤。综合统筹自然条件、百姓需求和城

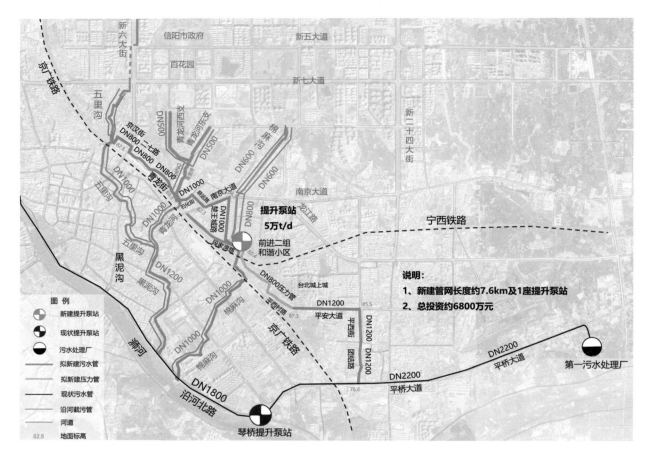

图7　污水管网绕铁方案

Fig.7　Construction scheme for sewage pipe network along the railway

市更新建设，建设示范河道21.3km，建设生物滞留缓冲带和生态驳岸，保护恢复自然坑塘、浅滩，构建滨水植被群落，增加生物多样性。以出山店水库弃水作为补水水源，为浉河以北10条内河提供生态补给水，实现"清水绿岸、鱼翔浅底"的治理效果。建设水环境智慧平台，构建管网GIS信息一张图，实现在线监测管理。

在具体实施过程中，中规院技术咨询组联合设计单位对部分工程方案进行了优化，使其更加经济高效，其中污水管网绕铁方案具有代表性。在黑臭水体治理截污工程实施中，五里沟、青龙河、棉麻沟沿河截污干管遇到铁路，原设计方案均考虑直接穿过铁路，与下游截污干管进行对接，经过与铁路多轮对接，在耗时一年之多无果的情况下，中规院技术咨询组提出"绕铁"方案。即沿铁路周边现状道路，建设一条平行于铁路的污水主干管，将五里

沟、青龙河、棉麻沟截污干管进行"串联"，接入平桥大道现状污水主管（图7）。该方案投资可控、综合成本低、可实施性较强、建设周期有保障，同时优化了污水分区，形成了第二条东西向污水主干管通道，还缓解了下游污水管网服务面积过大而导致的频繁溢流问题。

3.4　效果导向，严格设计把关

项目设计方案图纸的咨询是中规院技术咨询组的主要工作之一，但区别于图审机构只负责结构、安全等强制性要求审查，本次技术咨询主要针对各项目方案设计和施工图设计的科学性、效果可达性、经济性、可实施性（图8）。中规院技术咨询组共审查方案图纸200余份，出具咨询意见300余份，有效地提高了设计质量。

一是坚持系统思维，协调编制"一河一方

图8　中规院技术咨询组组织设计方案现场讨论会
Fig.8　On-site meeting organized by the technical consultation team of the China Academy of Urban Planning & Design to discuss the design scheme

案"，促使设计单位向系统思维转变。坚持系统治理思维，对申报实施方案进行细化，要求河道对应设计单位开展"一河一方案"的制定，结合排口排查情况，系统开展治理工作。

二是坚持细致踏勘，强化设计的合理性和落地性。加强现场调研，观察现场地形、周边居民建筑等，确保消除最后一米空白，管线路由合理，项目可实施；通过走访居民，调查百姓的需求，确保河道改造、桥涵改造满足百姓对美好生活环境的需求，保障居民顺畅出行。

三是坚持效果导向，对关键工艺和材质提出技术要求。例如对于截污工程，一方面，核查截污管道标高、截污方式等设计是否合理，是否考虑了沿线排污口的标高及类型；另一方面提出不得使用砖砌检查井、新建管道验收必须进行CCTV检测等技术要求。对于河道工程，植物、透水铺装等是否优先考虑了本地植物及本土材料。

3.5　现场巡查，解决关键技术问题

为有效推动黑臭水体治理进度，中规院技术咨询组与信阳市城管局工作人员组成巡河小组，坚持徒步巡河，走遍城市内河的每一个角落，不放过每一个污水直排口。白天巡河，晚上汇总巡河发现的问题，制定推动解决方案，并分河道制作挂图作战图，联合相关方制定问题整改责任清单。对于用地协调等需市政府出面的事项，及时反馈主管部门并持续追踪。

在黑臭水体治理过程中，一方面，对于施工现场遇到的技术难题，中规院技术咨询组立即到现场

解决，下沟槽、入基坑、进涵洞，实地调查遇到的问题，分析制约施工的技术原因，向管理部门提出咨询建议，尽可能地现场确定解决方法，督促设计单位当天立即完成设计变更，确保黑臭水体治理施工现场不停工（图9）；另一方面，与政府工作人员一同，定期和不定期地巡查施工现场，核查是否按图施工，工程实施是否能够实现治理效果，并在土方回填等关键环节检查施工质量，对于偷工减料、未按要求回填、管材检查井质量差等情况，及时反馈给管理部门（图10）。

图9　中规院技术咨询组现场陪同甲方巡查指导
Fig.9　On-site inspection and guidance by related authorities of Xinyang accompanied by the technical consultation team

图10　中规院技术咨询组现场踏勘指导
Fig.10　Site survey and guidance by the technical consultation team

3.6 "厂网河一体化"管理，辅助建立政策机制

为巩固扩大黑臭水体治理成效，根治污水处理厂效能低下、管网管理多头、河道运维扯皮等问题，中规院技术咨询组结合信阳市实际情况，协助建立长效机制10余项，包括"厂网河一体化"、黑臭督查考核、排水管网接驳、排水设施移交、排水设施维护、内河管理、私搭乱接溯源执法、排口动态监督、排水许可告知承诺制等。

其中重点是构建信阳市"厂网河一体化"运维机制。中规院技术咨询组结合信阳管理实际，系统调研梳理了国内相关城市不同的"厂网河一体化"运作模式，辅助市城管局确定"水务服务中心+专业运维"的"厂网河一体化"运维机制。即整合多部门涉水职能，成立信阳市水务服务中心，构建"专职监管+专业运维"的"厂网河一体化"运维模式。信阳市每年公开招标，确定第三方运维公司，对市政管网、河道进行专业运维。根据PPP协议或特许经营协议，在短期内难以变更运维合同的前提下，采取财政"扣费"制度，运维单位如不能及时完成派单运维任务，由水务服务中心转派第三方运维公司解决，第三方运维公司出具工程清单，报财政审查通过后，该运维费用则由市财政通过扣除社会资本方运营费用解决，托底保障"厂网河一体化"有效运维。同时，加强对运维方开展绩效考核，确定绩效评分结果，实现按效计费。

3.7 宣传培训，提升工作质效

多渠道、多形式开展治水宣传培训工作。通过邀请国内知名专家讲座、开展小课堂讲解指导、现场答疑解惑等，强化全员对黑臭水体、污水提质增效系统治理的认识与领悟，提升工作人员对工程开展模式、施工程序的认识，促进施工人员对截流井、管网等设计意图的理解。宣传方面，通过座谈、制定宣传册、建设"申城治水"公众号、制作"一河一展板"、对接电视台与报纸宣传等，使信阳市民充分了解治水成效，让市民自觉树立水环境保护意识，共同守护绿水青山，这也对全国经济欠发达地区黑臭水体治理充分地起到示范指导作用（图11）。

图11　多方宣传培训
Fig.11　Publicity and training in many aspects

变革与创新　中规院（北京）规划设计有限公司　优秀规划设计作品集Ⅲ

4 | 项目特色

4.1 探索城市水环境治理全过程技术咨询业务新模式

与常规规划编制工作不同，中规院技术咨询组在3年黑臭水体技术咨询服务工作中，创新摸索出"专业化团队+伴随式驻场服务"的"1+N"全过程技术咨询模式。"1+N"即通过组建一个具有多专业（给水排水、环保、景观、土木、防洪）、多层次的固定团队，发挥中规院统筹协调和技术整合优势，用专业的知识、战略的眼光、系统的思维、解读政策的能力，伴随地方政府全方位地开展工作，做政府的"脑、眼、嘴、手、脚"，帮助地方政府思考、制定方案、起草技术文件报告、看现场、盯工程、宣传和推广等。

4.2 探索了欠发达革命老区黑臭水体治理新路径

针对信阳市作为欠发达城市财政能力相对较弱、专业技术人员配备缺失、管理能力不足的特点，中规院技术咨询组探索建立一套"紧抓关键问题、源头管控与工程建设相结合、经济节约、快速见效"的黑臭水体治理新路径。

坚持源头管控与工程建设相结合，控增量、减存量。一是提出并推动排水立法，为管理提供高位法条支撑，《信阳市排水管理条例》已通过省人大常委会审议，为河南省首例；二是排水许可和溯源执法相结合，及时制止正在开发建设小区的乱建乱排现象；三是接驳管控与改扩建

工程相结合，避免在解决问题的同时又带来新的问题，形成恶性循环；四是管网竣工验收移交时要求污水不干管，同条道路雨水管晴天无污水等。

坚持经济节约高效，全面考虑黑臭水体治理工程投资的经济性。例如，截流井采用普通槽式截流井；对于埋深较小且道路交通状况非极其重要的路段，坚持采用开挖修复；对回填材料，采用素土或灰土即可满足回填要求的路段，不得随意变更为中粗砂等；对于第三污水处理厂"吃不饱"，第一污水处理厂"满负荷"、河道排口溢流风险高的问题，开展第一、第三污水处理厂连通工程，充分利用现有资源，避免随意扩张。

4.3 技术创新与管理创新相结合，提高治理乘数效应

城市黑臭水体治理具有制约因素多、系统复杂、容易反弹等特点，与传统的道路市政等单体建设工程不同，需要统筹上下游、左右岸、内外源、岸上岸下开展综合治理、系统治理、源头治理。技术咨询组通过过硬的专业素质，抓住关键问题和解决策略，主动向管理部门提出建议，从科学技术角度推动管理部门制定"排水管理条例修订""厂网河一体化""排水许可""联合溯源执法""绩效考核"等10余项措施和水环境治理管理机制，实现技术和管理的乘数效应，确保治理效果可达且可持续。

5 | 项目实施效果

5.1 黑臭水体全面消除，城市宜居水平大大提升

中规院技术咨询组驻场服务期间，信阳市建设污水管网超过信阳市历史污水管网建设总和，消除了中心城区污水管网空白区，构建了完整的污水转输系统，实现了污水的有效收集，消除了黑臭水体（图12）；推动市政道路与源头地块雨污分流改造，提高了溢流污染处理能力，有效改善了城市水环境，市民获得感和幸福感大大增强（图13）。

（a）棉麻沟揭盖前后

（b）五里沟揭盖前后

图12 老城区河道重见天日
Fig.12 Uncovering the river channel in the old city

| 平西新村西沟 | 二号桥河东支 | 三里店河 |

图13　信阳市黑臭治理后实景

Fig.13　Photos of Xinyang after the treatment of black and malodor water bodies

5.2 城市污水收集处理效能大大提高

通过系统化治理项目建设，消除溢流堰截流、河水倒灌、雨污混错接，挤出大量外水，削减截流的河湖水量为3.31万m³/d，削减施工降水排入的地下水量0.06万m³/d，削减管道破损入渗的地下水量0.35万m³/d，共计3.42万m³/d。第一污水系统全年BOD_5浓度由80.58mg/L提升至117.99mg/L，污水收集率由59.6%提升至2021年的86.7%，减排效益明显。挤外水降低的污水处理厂运行经费则有效地补充了现状管网运维经费，污水提质增效工作持续推动，在深化经济效益的同时，实现"厂网河"的有效管理，创造了双赢局面。

5.3 排水管理能力有效提升

在黑臭水体治理攻坚中，中规院技术咨询组协助信阳在全省创造了5个"率先"：率先实施排水管网检测修复、率先组建市级水务服务中心、率先实现"厂网河湖"一体化运维、率先建成并上线水环境智慧管理平台、率先推动完成《信阳市排水管理条例》立法。上位法条的支撑、排水GIS信息一张网的绘制、水务服务中心的成立、智慧平台的搭建、将运维费用纳入财政预算等，全面提升了信阳市排水信息化水平和运行管理效率。

5.4 上级肯定，居民满意

经过3年努力，昔日"龙须沟"向今朝"清水流"的转变，获得河南省生态环境厅的肯定，切实改善了市民的生存环境，提高了百姓的获得感和幸福感。同时，信阳市作为中国黑臭水体创新治理经典案例之一，被《中国建设报》专栏报道，多个兄弟城市到信阳学习考察。

6 | 结语

为信阳市黑臭水体治理示范城市创建提供技术咨询服务的3年间，中规院技术咨询组全程见证了信阳市黑臭污水向"一泓碧水"的蜕变，探索了城市水环境治理全过程技术咨询业务新模式。未来，中规院技术咨询组将持续跟进生态环境的治理，为生态文明城市建设贡献力量。

导言

海绵城市建设是贯彻落实习近平生态文明思想的重要内容，是实现我国城乡绿色发展的重要途径。2013年12月，习近平总书记在中央城镇化工作会议上强调，在提升城市排水系统时要优先考虑把有限的雨水留下来，优先考虑更多利用自然力量排水，建设自然积存、自然渗透、自然净化的海绵城市。然而，在快速城镇化过程中，由于高强度的城市开发建设，大面积的水泥地等硬质铺装，改变了原有的自然生态本底和水文特征，导致城市"逢雨必涝、雨后即旱"，初期雨水污染也未得到有效控制，雨后水体环境质量存在恶化的风险。

海绵城市建设本质是让自然做功，使雨水的产、汇、流特征尽可能恢复到开发前的自然状态，转变硬化地面的"快排"模式为"渗、滞、蓄、净、用、排"多目标全过程管控模式，转变传统的"末端"治理为"源头减排、过程控制、系统治理"，转变灰色工程措施为"蓝绿"的生态措施与灰色工程措施相融合。因此，海绵城市建设重点应聚焦于城市建设范围内因雨水导致的内涝问题，统筹兼顾削减雨水径流污染，注重雨水收集和利用。充分利用城市的自然山体、河湖湿地、耕地、林地、草地等生态空间，通过综合措施提升城市地面蓄水、渗水和涵养水源的能力，实现水的自然积存、自然渗透、自然净化，打造生态、安全、可持续的城市水循环系统。

中规院（北京）规划设计有限公司生态市政院长期从事海绵城市建设领域的技术支撑工作，先后承担了天津、武汉、南宁、遂宁、固原等试点城市，长治、信阳、泸州、昆山、广安、孝感、宜昌等示范城市的规划设计、全过程咨询服务工作。一直以来，生态市政院认真落实习近平总书记关于海绵城市建设的重要指示精神，深刻理解海绵城市建设内涵，坚持全域谋划、系统施策、统筹推进，因地制宜地支撑各地推进海绵城市建设，在不同气候、不同特征城市海绵城市建设的技术方法中积累了丰富的经验。

本篇精选了天津市、信阳市、遂宁市的3个项目，介绍了海绵城市建设从顶层规划到系统方案谋划、再到项目落地实施的具体路径，探讨了在不同地域和不同城市规模下海绵城市规划设计的技术方法和创新成果，以期为海绵城市建设领域同类型项目提供经验借鉴。

|第三篇|

海绵城市建设

Sponge City Construction

12 天津市海绵城市建设专项规划
Sectoral Planning for Sponge City Construction of Tianjin

▎项目信息

项目类型：专项规划
项目地点：天津市
项目规模：天津市域1.19万km²
完成时间：2020年12月
委托单位：天津市公用设施配套办公室

项目主要完成人员

主 管 总 工：孔彦鸿　黄继军
项 目 主 管：王家卓
技术负责人：任希岩
项目负责人：吕红亮　于德淼　熊林
主要参加人：张中秀　张全　吴岩杰　孔彦鸿　李晓丽　李智旭　任希岩
　　　　　　刘星　王旭阳　石林　刘玉娜　蔺昊
执 笔 人：李智旭

▎项目简介

　　为深入贯彻习近平总书记关于海绵城市建设和水安全保障重要讲话精神，有效落实《国务院办公厅关于推进海绵城市建设的指导意见》（国办发〔2015〕75号）和天津市委市政府提出的"树立水生态文明理念，提高用水效率，共建美丽天津"行动有关要求，天津市搭建了全市海绵城市顶层设计，编制完成《天津市海绵城市建设专项规划》（以下简称《规划》）。《规划》依据国家海绵城市建设要求，按照系统全域推进模式，通过广泛调研和数据分析，综合评价天津海绵城市的建设基础，识别关键问题，立足天津"高地下水位、高土地利用率、高不透水面积、低透水率"的本底条件，以及超大城市规划管控难度大的现实情况，提出了"市域统筹引导、中心城市分区管控、中心城区系统构建"的超大城市分级规划策略。以生态、安全、活力的海绵建设塑造天津城市新形象，实现"水生态良好、水安全保障、水环境改善、水景观优美、水文化丰富"的发展战略，通过构建完善的城市低影响开发雨水系统、排水防涝系统、防洪潮系统，完善城市生态保护系统，形成河畅岸绿、人水和谐、生态宜居、滨海特色的海绵天津。

▎INTRODUCTION

The municipal government of Tianjin has carried out the sponge city top-level design and formulated this planning in order to thoroughly carry out the spirit of General Secretary Xi Jinping's speech on sponge city construction and water safety, effectively implement the *Guidance of the General Office of the State Council on Promoting Sponge City Construction* (Guo Ban Fa〔2015〕No.75), and respond to the proposal of Tianjin Municipal Party Committee and Municipal Government of "developing the concept of water ecological civilization, improving water use efficiency, and building a beautiful Tianjin". In line with the requirements of national sponge city construction, by use of extensive research and data analysis, and adopting the mode of city-wide systematic promotion, efforts are made to comprehensively assess the basic situation of Tianjin for sponge city construction, identifies the main problems, and proposes a hierarchical planning strategy which is "coordinated guidance in the city region, zoning control in the central city, and system construction in the city center". It addresses the basic conditions of Tianjin such as high ground water level, high land use rate, large impervious area, and low permeability, as well as difficult implementation of mega-city planning and control. This sectoral planning aims to shape a new image of Tianjin through ecological, safe, and dynamic sponge city construction, and put the development strategy of "good water ecology, guaranteed water safety, improved water environment, beautiful water landscape, and rich water culture" into practice. Through the improvement of urban ecological protection system by building a sound low-impact-development rainwater system, drainage and flood control system, and flood and tide control system, a sponge city of Tianjin is built which is ecological and livable with distinctive coastal features and harmony between human and water systems.

1 | 规划背景

天津市地处我国华北地区，东临渤海，是华北地区的交通枢纽，市域面积约1.19万km²，2020年城镇人口1174万人，常住人口城镇化率达到84%，是我国7座超大城市之一。天津素有"九河下梢、海河要冲"之称，市域范围内水网密布，共有行洪排涝河道128条。全市多年平均降水量511.4mm，降水随季节变化大，夏季降雨量较多，海绵城市建设需求强烈。

为着力推动天津市市域范围内海绵城市建设，2016年2月，天津市启动了《天津市海绵城市建设专项规划》的编制，并于2017年进行了深化。该项规划工作由市政府牵头统筹，中规院（北京）规划设计公司技术负责，天津市城市规划设计研究总院有限公司、天津市政工程设计研究总院有限公司技术支撑，天津市气候中心、天津地下管网中心等多单位团队配合，市住房和城乡建设委、市规划和自然资源局、市水务局、市生态环境局、市气象局等多部门协作。

2 | 规划目标与技术路线

2.1 提出分级规划策略

《规划》通过广泛调研和数据分析，综合评价天津市海绵城市建设的基础，识别关键问题，立足天津"高地下水位、高土地利用率、高不透水面积、低透水率"的本底条件，以及超大城市规划管控难度大的现实情况，提出了"市域统筹引导、中心城市分区管控、中心城区系统构建"的超大城市分级规划策略。

2.2 分类选取核心指标，合理确定技术路线

（1）选取海绵城市建设核心指标

以海绵城市建设理念引领天津市城市建设，以总体目标为导向，选取年径流总量控制率、年SS总量去除率、雨水资源利用率为天津市海绵城市规划关键控制指标。各项指标远期规划目标值见表1。

天津市海绵城市建设指标表　　　　　　　　　　　　　　表1
Sponge city construction indicators of Tianjin　　　　　Tab.1

序号	指标	远期目标
1	年径流总量控制率	不低于75%
2	城市面源污染控制（以SS计）	65%
3	雨水资源利用率	6%
4	中心城区内涝防治标准	100年一遇
5	中心城区雨水排水管网重现期	3～5年一遇
6	城市防洪圈标准	200年一遇
7	城市水环境质量	进一步提高且全面消灭V类水体
8	天然水域面积比例	不降低
9	体制机制建设	完善各项制度
10	连片示范效应	80%以上达到要求

（2）确定问题与目标"双导向"技术路线

针对当前海绵城市理念全面推广和天津市基础条件，《规划》确定目标与问题"双导向"的技术路线。目标导向是指落实《国务院办公厅关于推进海绵城市建设的指导意见》《水污染防治行动计划》等国家要求，具体目标和指标达到《海绵城市建设绩效评价与考核办法（试行）》的要求，全面推动海绵城市建设，明确近远期建设时序，合理有序保障海绵城市建设。问题导向是指系统梳理天津市城市涉水问题，针对内涝积水问题、黑臭水体问题、水资源利用问题、水生态问题等提出系统的解决方案，改善城市民生。

技术路线具体分为7个部分，按照项目进展深入，依次包括现状调查、要素与特征分析、目标确定、生态安全格局、海绵城市系统、建设指引、保障机制7个部分（图1）。

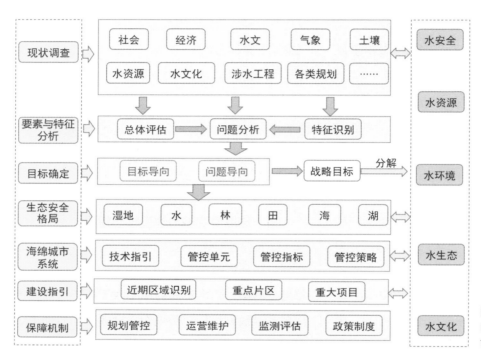

图1　海绵城市规划技术路线图
Fig.1　Technical roadmap for sponge city planning

3 ｜ 主要规划内容

3.1 市域层面完善海绵空间格局，提出分区建设指引

市域层面针对16个区降雨强度、海绵建设条件差异大等特点，制定全域差异化的年径流总量控制率等目标指标，构建多因子、分层级、多尺度评价方法，进行"渗、滞、蓄、净、用、排"建设适宜性评价，并分区提出海绵城市规划指引和建设运营引导。

落实海绵城市"自然积存、自然渗透、自然净化"的要求，结合天津市域及中心城市生态空间格局，保护中心城市内的湿地、大型绿地等天然大海绵体、主要水系及绿带等重要海绵通道、城市公园等建成区海绵节点，构建"七片、八廊、多节点"的海绵安全格局（图2）。

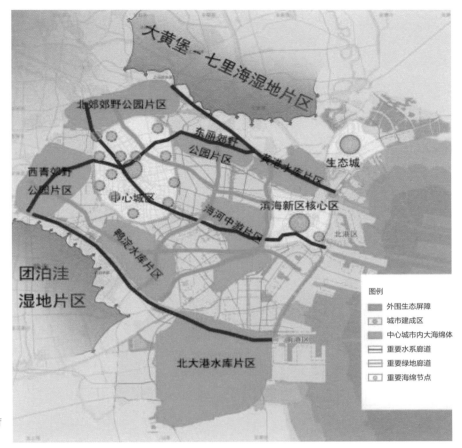

图2　天津市海绵城市格局图
Fig.2　Sponge city pattern of Tianjin

3.2 中心城市实现系统目标控制，划分海绵功能分区

（1）依托流域单元制定目标指标

中心城市包含中心城区、滨海新区核心区以及西青、津南、东丽、生态城—汉沽、大港等区域，以建设工程项目为依托，以流域系统治理为指导，将其划分为27个流域单元（图3），综合考虑地形地貌、蓝绿空间分布、建设基础和用地规划等，分单元制定了径流总量控制、径流污染削减、雨水资源化利用等目标指标（表2），实现雨水综合管理及低影响开发系统构建。

（2）划分城市海绵分区，明确分区建设重点

根据海绵建设适宜性评价，结合不同区域的自然地形地貌、地物的集聚特点、自然和人工元素，将天津中心城市划分为生态保护与生态修复区、雨水资源综合利用区、雨水污染控制区、高强度老城

区海绵建设区、工业集中区域海绵建设区这5个不同功能片区，明确各片区海绵城市建设重点。

3.3 中心城区构建海绵系统，突出设施层面补短板

中心城区结合国家要求与自身需求，以目标与问题双导向，系统构建城市健康安全水系统。

（1）构建以蓄代排、蓄排结合工程体系，提升城市排水防涝能力

针对海河流域下泄流量大、城区地势低洼、内河河道排水不畅、排水设施建设标准低而导致内涝积水严重的问题，《规划》加强洪涝统筹体系建设。防洪提升方面构建以蓟运河、永定新河、海河干流、独流减河、子牙新河5条一级河道为排洪骨干的中心城市防洪格局，系统提升防洪能力，并提出给水以空间的措施，以营城、东丽湖等湖泊水库

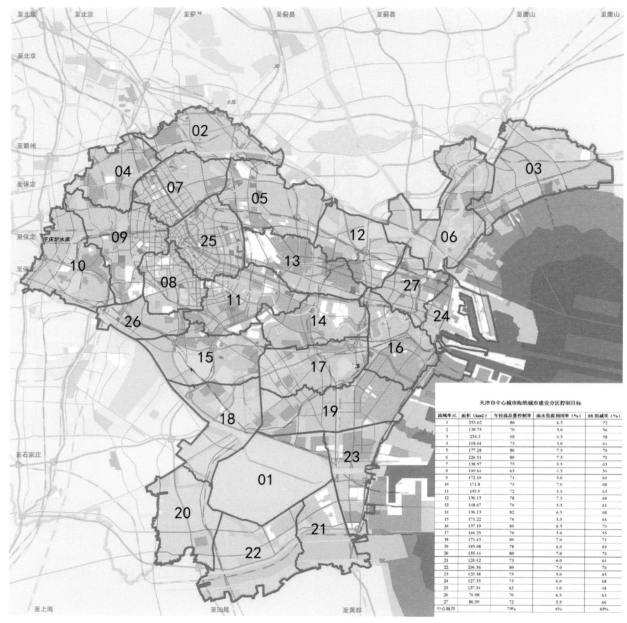

天津市中心城市海绵城市建设分区控制目标

流域单元	面积（km2）	年径流总量控制率	雨水资源利用率（%）	SS削减率（%）
1	253.62	80	6.5	72
2	139.75	70	5.0	56
3	234.3	68	4.5	58
4	118.64	75	5.0	64
5	177.28	80	7.5	70
6	226.51	80	7.5	70
7	138.57	75	5.5	63
8	100.64	63	4.5	51
9	172.19	71	5.0	60
10	171.8	75	7.0	68
11	149.9	72	5.5	63
12	136.13	78	7.5	69
13	148.67	70	5.5	61
14	136.13	82	6.5	68
15	171.22	76	5.5	66
16	137.19	80	6.5	70
17	146.29	70	5.0	55
18	171.43	80	7.0	71
19	195.08	78	6.0	69
20	155.44	80	7.0	70
21	124.42	73	6.0	64
22	206.36	80	7.0	70
23	129.38	75	5.0	65
24	127.33	75	6.0	63
25	137.54	63	4.0	48
26	76.98	70	6.5	63
27	86.99	72	5.5	66
中心城市		79%	6%	65%

图3　中心城市流域分区划分
Fig.3　Watershed zoning of the central city

及主要的蓄滞洪区为依托，缓滞上游洪水，减轻下游河道泄洪压力。同时，充分利用蓄滞洪区，规划永定河泛区、三角淀、淀北、西七里海等12个蓄滞洪区和沙井子行洪道，可有效削减洪峰流量。

排水防涝方面，规划在源头强化雨水促渗和收集利用，实现雨水的就地积存、消纳、滞蓄，发挥削峰、错峰作用，削减雨水径流峰值和径流量；划定雨水分区，对雨水管网和泵站进行提标改造，

根据城市各地区的重要程度，位于城市发展主中心、副中心、历史文化保护街区、重要功能区、重要基础设施片区的雨水管渠设计重现期采用3～5年一遇标准；通过优化排水出路，明确各分区内雨水排入二级河道、一级河道、排放入海路径，搭建完整的河网排涝体系。并对河道能力明显不足的现状河道开展改线、拓宽等措施，整治河道卡口，增加过流能力。此外，提升严重影响雨水排河的河

天津市中心城市海绵城市建设分区控制目标表　　　　　表2

Zoned control target of sponge city construction in the central city of Tianjin　　Tab.2

流域单元	面积（km²）	年径流总量控制率（%）	雨水资源利用率（%）	SS削减率（%）
1	253.62	80	6.5	72
2	139.75	70	5.0	56
3	234.30	68	4.5	58
4	118.64	75	5.0	64
5	177.28	80	7.5	70
6	226.51	80	7.5	70
7	138.57	75	5.5	63
8	100.64	63	4.5	54
9	172.19	71	5.0	60
10	171.80	75	7.0	68
11	149.90	72	5.5	63
12	136.13	78	7.5	69
13	148.67	70	5.5	61
14	136.13	82	6.5	68
15	171.22	76	5.5	66
16	137.19	80	6.5	70
17	146.29	70	5.0	55
18	171.43	80	7.0	71
19	195.08	78	6.0	69
20	155.44	80	7.0	70
21	124.42	73	6.0	64
22	206.36	80	7.0	70
23	129.38	75	5.0	65
24	127.33	75	6.0	68
25	137.54	63	4.0	48
26	76.08	70	6.5	63
27	86.99	72	5.5	66
中心城市		75%	6%	65%

口泵站排水能力，使雨水顺畅入河；通过"以蓄代排，排蓄结合"的措施，充分利用水库、坑塘、深渠蓄水以减轻排水压力，同时结合中心城市及近期建设区内的自然生态节点建设，利用银河、北仓、刘园、植物园、南淀等生态风景区，使部分区域涝水导入存蓄，增强雨水调蓄能力；提出构建流域—城市洪涝联排联调运行管理模式，建立信息化平台，对闸坝、泵站、调蓄设施等实施联合调度，将48处积水点纳入重点治理和监控体系，提升超标降雨应急管理能力；形成"源头减排、管网排放、蓄排并举、超标应急"的排水防涝工程体系，全面提升城市排水防涝能力（图4）。

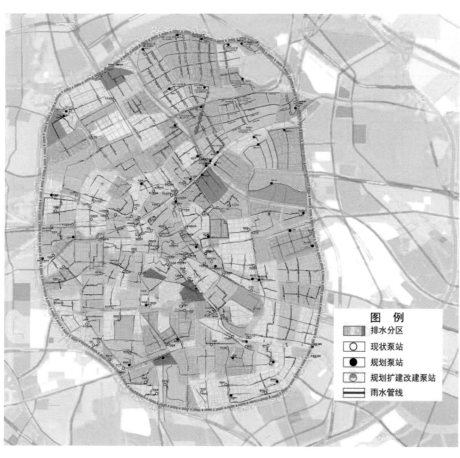

图例
- 排水分区
- 现状泵站
- 规划泵站
- 规划扩建改建泵站
- 雨水管线

图4　中心城区排水系统规划图
Fig.4　Drainage system planning of the city center

（2）多措并举有效控制合流制溢流污染和雨水径流污染

针对合流制溢流污染和雨水径流污染严重、二级河道水动力不足、海河水质保障要求高导致的河道断面水质较差、水环境达标压力大等问题，《规划》系统分析河道水污染来源及特征，构建城市水环境一、二维模型，测算各类污染源的污染负荷和河道水环境容量，确定污染负荷削减分担比例，制定相应的污染控制对策。包括完善污水收集系统与提标改造污水处理设施相结合，实现污水全收集全处理；截流调蓄与雨污分流改造相结合，控制合流制溢流污染；源头削减与末端调蓄相结合，控制雨水径流污染。达到水环境质量总体改善，水生态系统功能初步恢复的目标要求。并以水环境保障为契机，采用水质净化、截污纳管、面源控制、清淤疏浚等治理方式消除城市黑臭水体。

（3）加强雨水等非常规水资源利用

针对天津资源型缺水严重、生态用水紧缺的问题，提出将雨水和再生水等非常规水资源纳入水资源统一配置，通过科学规划布局，合理选用储蓄型低影响开发设施及其组合系统，同时合理保护和利用现有河库水系、坑塘洼地、公园湿地等自然调蓄空间，实现雨水的自然积存、自然渗透、自然净化，调蓄雨水主要用于市政用水、园林绿地浇洒以及补充景观河道生态用水。

（4）推进河道生态岸线修复，重塑水生态系统

针对城市生态空间碎片化和中心城区内河道生态岸线占比不高的问题，提出结合河道排水能力提升、水质改善等目标采取建设生态护岸、打造滨水空间等工程措施对河道生态岸线进行恢复。进行河湖水系岸线建设时，尽可能多地保留自然原始形态，减少对生态的破坏，实现防洪排涝、水土保

变革与创新　优秀规划设计作品集Ⅲ　中规院（北京）规划设计有限公司

持、生态、景观、休闲等多种功能集于一体。同时结合河道护岸生态化改造，因地制宜，对河道内部进行水生态修复，在河道内营造适宜的生物栖息环境，调整河道结构，创造符合当地实际情况的河道自然环境，促进河道生态系统的良性循环，恢复河道生态系统的自净功能。

（5）控规单元加强规划建设指引，落实管控指标

中心城区规划以控规单元为基础，面向规划管理，以排水分区为依托，面向雨水综合控制，划定管控单元开展海绵城市建设和规划管理，并将目标、系统和工程任务分配到各分区单元中，根据不同分区单元的海绵建设特征，综合水安全、水生态、水环境、水资源四大系统，实现海绵城市建设和管控的总体要求。规划中心城区共60个管控单元，其中中心城区环内地区改造建设为主，新增用地主要集中周边地区，北部新区也以新建为主（图5）。

（6）识别近期建设区域，确定重点建设项目

中心城区层面考虑海绵城市建设的集中连片效果，按照近期新增用地以海绵城市标准建设，统筹重点地区的海绵建设改造要求。规划中心城区海绵城市重点范围109.31km²，约占中心城区规划范围的25.13%，海绵城市重点建设片区包括侯台片区、王串场片区等共11个，确定排水渠道整治、雨水调蓄设施、易涝片区整治、雨水泵站及管网建设、再生水设施、污水处理厂提标改造、合流制截流改造、雨污分流改造、河道及湿地修复、生态岸线改造等类型重大项目（图6）。

3.4 统筹规划衔接，加强规划实施保障

国土空间规划及控规中落实核心管控指标，落实城市主要排水防涝设施，相关规划明确提出海绵城市建设要求，强化城市竖向系统设计，中心城市各区开展编制海绵城市近期建设规划。完善组织机构，明确部门责任，建立全流程闭环规划建设管理制度，完善绩效考核与监督评估机制，健全相关设施管理制度，加大资金保障力度，提升人才技术、应急及监测能力。

图5　中心城区海绵管控单元分区建设指引示例图
Fig.5　Example of construction guidelines for sponge control unit zoning in the city center

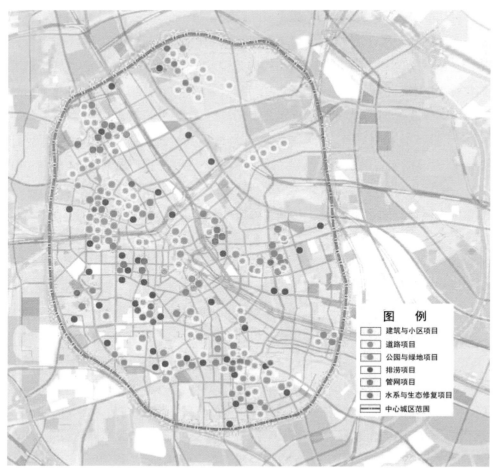

图6 中心城区近期建设重大项目规划图
Fig.6 Planning of recent major construction projects in the city center

图 例
- 建筑与小区项目
- 道路项目
- 公园与绿地项目
- 排涝项目
- 管网项目
- 水系与生态修复项目
- 中心城区范围

4 | 规划亮点

4.1 落实全域系统化推进海绵城市理念，保障全域集中连片建设效果

《规划》坚持全域系统化推进的理念，探索了超大城市全域系统化推进海绵城市建设的顶层设计方案和实施路径。《规划》作为总体纲领，在全域层面明确了全市海绵城市建设的保障体系和管控机制，依托市、区两级海绵城市建设领导小组，推动立法和规章制度。通过对全市16区的海绵城市建设进行系统谋划，划定近期建设重点区域并提出规划建设要求，保障全域协同推进与集中连片效果。

4.2 突出技术创新与集成方法，支撑规划方案系统科学性

规划编制方法中，突出技术创新与应用集成。集成运用了GIS技术辅助海绵城市建设适宜性评估技术，内涝风险评估模型技术，一、二维水环境容量核算模型技术，中尺度海绵管控指标模型优化技术、城市热岛反演技术等，通过强化技术创新与集成，提高了规划方案的科学性，为高地下水位弱透水区域的海绵城市建设提供了技术支撑（图7）。

图7　中心城区及解放南路试点区50y24h内涝积水模拟分析图
Fig.7　Simulation analysis of 50y24h waterlogging in the city center and the pilot area of South Jiefang Road

4.3 强化单元管控和指标管控，提高规划目标可达性

中心城市按照流域分区划定27个流域单元，并按照海绵建设适宜性评价提出规划管控目标指标要求；中心城区以排水分区为依托，结合控规分区，划定60个海绵建设管控单元，明确分区径流总量控制率指标（图8）、调蓄容积指标、水质指标、SS削减率指标及重点建设项目要求。

4.4 重视实施保障体系建设，确保规划顺利实施

通过完善规划管控与衔接，强化建设施工与维护，建立监测评估与考核体系，强化组织、制度和资金保障体系建设，确保《规划》能够顺利实施。

4.5 为天津市"产学研用"海绵体系建设奠定了基础

《规划》在编制过程中多单位、多专业融合，为天津市建立"产学研用"海绵技术创新体系奠定了良好基础。规划编制项目组与各相关单位深度融合，成立了海绵城市产业技术创新联盟，培养孵化了一批海绵城市专业人才，完成了国家水专项课题"天津海绵城市建设与海河干流水环境改善技术研究与示范"项目，并出台了多项海绵城市建设标准和指南，出版了《天津海绵城市建设实践路径》专著，天津市获得相关专利、软件著作权授权近50项。

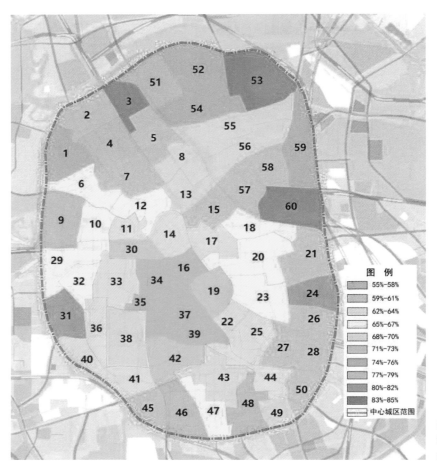

图8　中心城区年径流总量控制率规划图
Fig.8　Planning of total annual runoff control rate in the city center

图例
55%-58%
59%-61%
62%-64%
65%-67%
68%-70%
71%-73%
74%-76%
77%-79%
80%-82%
83%-85%
中心城区范围

5 | 实施效果

5.1 完善天津海绵城市顶层设计，指导编制区级海绵规划方案

《规划》的编制和实施，进一步完善了海绵城市建设规划体系，实现了对超大型城市全域海绵建设的科学系统指引。《规划》于2018年12月通过专家评审并上报实施，有效地指导了全市海绵城市建设工作。在本规划指导下，全市16个区均编制了海绵城市建设专项规划和实施方案，为各区制定了近远期海绵城市建设的实践路径，也为近期系统化实施海绵项目提供了有力支撑。目前各区仍在结合本区内涝积水区段整治、水环境治理成效巩固、排水管网清淤修复等工作内容逐年更新海绵城市建

设实施方案和项目，在做好年度海绵工作和项目谋划的同时也为年终各区海绵城市建设绩效评估工作打下了坚实基础。

5.2 充分衔接各类相关规划，落实海绵城市建设要求

本规划与国土空间规划、控规、排水规划、绿地规划等其他相关规划作了充分衔接，要求规划编制时应将海绵城市建设相关要求充分吸纳融入。在后续的《天津市国土空间规划》编制时提出要系统推进海绵城市建设，保护湿地、大型绿地等天然大海绵体，保护主要水系、绿带等海绵通道，以及城

市公园等建成区海绵节点，增加城市滞蓄空间。加强排水系统治理，改善城市下垫面，有效缓解城市内涝。在《天津市控制性详细规划技术规程（试行）》（2018年版）中提出，控规编制时要落实上位规划和海绵城市专项规划确定的山水格局、蓝绿空间、排水系统和年径流总量控制率等目标，明确竖向管控要求，不同用地性质建设或改造时，应遵循海绵城市建设要求，控制雨水年径流总量控制率等。

5.3 促进全流程规划建设管控制度完善，实现试点到全域的转变

《规划》促进了天津市海绵城市政策制度的完善和落实。天津市现已建立了全域范围内的海绵城市规划建设全流程管控制度，将海绵城市建设要求作为土地出让和"一书两证"发放环节的前提条件，并在方案施工图审查、项目建设、竣工验收等过程中融入了海绵城市建设的管控要求，规范了海绵城市建设的常态化管理，实现了从"试点海绵"到"全域海绵"的转变。本规划共划分了60个管控单元，对每个单元提出了分区建设指引和管控指标要求，此外还为各管控单元内的控规单元提出了年径流总量控制率和调蓄容积的管控要求，为规划部门发放"一书两证"和住建部门审查海绵专篇时落实海绵城市管控指标要求提供了充分的依据和支撑，确保了海绵城市建设目标有效落地。

5.4 引领海绵管控平台建立，实现海绵建设全域推进

《规划》提出了一体化管控平台建设需求，为天津市海绵城市建设管控平台提供了技术保证。为科学指导区域和项目的海绵城市建设，满足目标监测和绩效评估的要求，天津市建立了海绵城市监管平台。平台是管理海绵城市建设信息、采集海绵城市运行参数、评估海绵城市建设效果的信息化集成系统，可实现全域海绵城市建设总体进度和项目信息的管理，并通过海绵项目基础资料、设计方案和施工图等文件的录入，实现设计方案评估、片区评估和内涝模拟等分析评估，达到对项目的方案与施工图图纸预审查、片区建设项目的考核指引功能。

《规划》还实现了海绵城市建设的全域推进。经过5年的建设，截至2020年底，全市共有262km²建成区达到了海绵城市建设目标要求，占建成区总面积的22.5%。在已达标排水分区内年径流总量控制率达到75%以上，黑臭水体消除率达到100%，内涝积水点消除率达到100%，内涝防治标准达到50年一遇。

5.5 应对强降雨能力提升，海绵建设效果显著

2018年7月24日，台风"安比"抵达天津，天津市境内普降大雨，局部地区大暴雨，天津主城区、滨海新区24小时降雨量分别为151mm、163mm，面对此次强降雨，天津各排涝泵站、河口泵站、移动泵车全部开动，全力排除雨沥水，但仍出现了大面积不同程度的积水。而以海绵建设试点片区为代表的按规划实施的海绵化建设区域表现尚好，未出现严重内涝积水。世芳园、河畔公寓等已完成海绵化改造的老旧小区基本不存在积水现象，而同区域由于建设进度较慢而未完工或未开工的海绵城市建设项目，仍然存在着较为严重的积水问题。尤其是源头类的老旧小区改造项目，未完工的小区积水问题依然严峻，完工的小区则已不存在改造前的积水问题，现场的随机走访表明改造效果已得到居民的一致认可，海绵城市建设效果得到了充分的检验（图9）。

图9 台风入境后试点区海绵城市建设项目实景
Fig.9 Photos of the sponge project in the pilot area after typhoon

5.6 试点成效充分突显，居民获得感、幸福感和满意度不断增强

试点片区海绵城市建设效果卓著。生态城试点区基本实现"小雨不积水、大雨不内涝、水体不黑臭、热岛有缓解"的目标，解放南路试点区退水时间明显加快，尤其是旧楼区海绵改造，在解决城市老区雨水内涝问题的同时，有效解决了污水跑冒、道路破损、绿地缺失等问题，小区环境得到极大改善，增强了居民获得感、幸福感和满意度。

13 信阳市海绵城市建设专项规划及系统化全域推进海绵城市建设实施方案

Sectoral Planning for Sponge City Construction of Xinyang and Implementation Plan for Systematic City-Wide Promotion of Sponge City Construction

项目信息

项目类型：专项规划
项目地点：河南省信阳市
项目规模：河南省信阳市中心城区规划范围590km²
完成时间：2020年11月
委托单位：信阳市城市管理局
获奖情况：河南省2021年度优秀城乡规划设计奖一等奖

项目主要完成人员

项 目 主 管：王家卓
技术负责人：任希岩
项目负责人：张春洋　范丹　刘冠琦
主要参加人：王生旺　范锦　栗玉鸿　郭紫波　赵智　秦保爱　宋云鹏
执 笔 人：张春洋　范丹

羊山森林植物园
Yangshan Forest Botanical Garden

项目简介

为贯彻落实生态建设理念，指导信阳市保护自然山水格局、缓解城市内涝、提高城市人居品质，信阳市委托中国城市规划设计研究院编制了《信阳市海绵城市建设专项规划》（以下简称《规划》）。《规划》坚持生态优先，强化中心城区山体及坑塘等自然蓝绿空间保护修复；聚焦城市雨水问题，构建"蓝绿灰"协同解决城市水问题的系统方案，统筹解决城市内涝、城市水体污染等问题，助力信阳市打造宜居城市、韧性城市。在专项规划基础上，信阳市进一步委托中国城市规划设计研究院编制了《信阳市系统化全域推进海绵城市建设实施方案》（以下简称"《方案》"），从区域流域、城市、设施、社区4个层级，系统谋划"十四五"海绵城市建设任务，助力信阳市成功申报成为全国第一批系统化全域推进海绵城市建设示范城市。目前《规划》和《方案》确定的各项建设任务正在顺利进行，取得明显成效。

INTRODUCTION

In order to put the thought of ecological construction into practice, guide the protection of natural landscape pattern, alleviate urban flooding, and improve the quality of life in the city, the municipal government of Xinyang commissioned the China Academy of Urban Planning & Design to formulate the *Sectoral Planning for Sponge City Construction of Xinyang*. Giving priority to ecology, efforts are made to strengthen the protection and restoration of natural water bodies and green spaces in the central urban area, and build systematic solutions through the coordination of "blue-green-grey" systems to solve urban water problems such as urban flooding and water pollution, so as to build Xinyang into a livable and resilient city. On the basis of the sectoral planning, the *Implementation Plan for Systematic City-Wide Promotion of Sponge City Construction of Xinyang* has been formulated, aiming to systematically carry out the sponge city construction tasks proposed in the 14th Five-Year Plan from four aspects: regional watershed, city, facilities, and community, in the hope of providing assistance for Xinyang to successfully declare itself as one of the first demonstration cities in China to systematically promote sponge city construction. At present, the construction tasks specified in the sectoral planning and the implementation plan are well underway and have achieved significant results.

1 | 项目背景

信阳市位于鄂豫皖三省交界处，是大别山革命老区核心城市，地处南北气候分界带，年降雨量1100mm，是河南省降雨量最大的城市。城市建成区104km²，常住人口97万。信阳素有"江南北国、北国江南"之美誉，城区低山浅丘环绕、坑塘众多，18条水系自北向南穿城而过，山水本底十分优越。

在城市建设中，由于缺乏科学的城市涉水规划与指导，城区自然山体和水域未能得到很好的保护，很多山丘被削平，大量内河和坑塘被填埋、覆盖，加之硬化面积增加、排水基础设施建设滞后，城市出现水源涵养功能下降、内涝多发、水生态环境质量下降等系列问题。为更好地指导城市建设，恢复山水特色，构建生态、安全、健康、可持续的城市水循环系统，信阳市急需编制海绵城市专项规划，系统化全域推进海绵城市建设。

2 | 规划编制思路

贯彻落实创新、协调、绿色、开放、共享的新发展理念，以人民向往美好生活的需求为出发点，系统化全域推进海绵城市建设，建设信阳成为"蓝绿交织、清新明亮、水城共融"的生态宜居海绵城市。到2025年实现海绵城市建设要求的建成区面积不低于50%，到2030年，实现海绵城市建设要求的建成区面积不低于80%。技术路线见图1。

区域流域层面，统筹构建山水生态空间格局。立足中心城区生态本底，着眼城市蓝绿空间体系建设，坚持山、水、林、田、湖、城系统化治理，贯通生态廊道、打造自然湿地，强化雨洪滞蓄、水源涵养功能，构建"七山环抱、两湖相映、一河带城、水网纵横"的山水海绵城市生态格局。

城市层面，维护城市水系统健康循环。一是保障水安全，实施内河拓宽改造、生态驳岸建设，加强湖塘堰保护、公园绿地建设，构建"源头减排、管网排放、蓄排并举、超标应急"的排水防涝工程体系。二是着力改善水环境，实施清污分流、雨污分流，开展源头小区和市政道路雨污水混错接改造，提升污水处理效能。实现信阳市"水生态优美、水环境洁净、水安全稳固、水资源高效"的健康城市水循环系统。

设施层面，统筹推进"蓝绿灰"基础设施建设。老城区聚焦市民关注的水环境污染、内涝积水等问题，加强灰色基础设施提标改造，并与城市内河、自然坑塘、公园绿地实现有机衔接，构建完善的供排水系统。新建区域随片区开发和道路建设，同步高标准规划、高标准建设城市雨污水等基础设施，并与自然系统有效衔接。

社区层面，打造美丽宜居海绵型社区。坚持问题导向，结合老旧小区改造，开展源头雨污分流改造、内涝积水治理等，因地制宜开展雨水立管断接、雨水花园、透水铺装等海绵城市设施建设；坚持目标导向，新建项目严格落实海绵城市规划建设管控制度，建立从规划、设计、建设、运维的全过程规划管控体系，将年径流总量控制率、水面率等海绵城市建设指标要求纳入"两证一书"建设审批程序，作为城市规划许可和项目建设的前置条件。

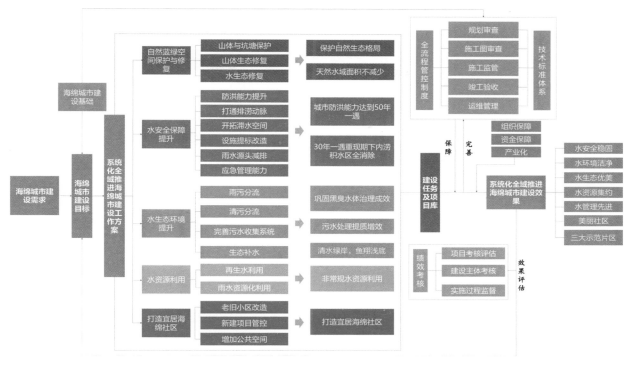

图1 信阳市系统化全域推进海绵城市建设技术路线图
Fig.1 Technical roadmap for the systematic city-wide promotion of sponge city construction in Xinyang City

3 | 主要内容

3.1 厘清城市水系统问题成因，明确海绵城市建设需求

（1）保护修复自然山水格局，维护水系统健康循环

信阳市位于淮河上游，长期以来自然山水格局良好，21世纪初新区大建设时期削山填塘，导致山水格局受损，城市涵养水源功能下降。新时期，迫切需要运用海绵城市理念，运用生态的方法，恢复和修复已经受到破坏的山体水系和其他自然环境，恢复山体绿化和水系生态功能，保护区域蓝绿空间，最大程度减少城市开发建设对自然水生态格局的影响。

（2）发挥海绵城市自然积存功能，提高城市内涝防治水平

信阳市是丘陵城市，整体的排水防涝条件较好。然而在城市建设过程中，由于硬化面积大导致洪峰净流量增加，加之部分河道排涝能力不足、竖向不合理、排水管网卡点多等问题，城市地道桥、局部低洼点等存在较高的内涝风险。迫切需要以海绵城市理念为引导，在城市建设和更新改造过程中，发挥海绵设施对雨水的自然积存和自然下渗功能，降低径流峰值，间接提高现状排水管网的排水能力。

（3）发挥海绵城市自然净化功能，持续提升城市水环境系统

由于合流制面积大、小区和道路雨污混错接分布广，信阳市污水处理效能不高，雨天溢流污染是制约城市水环境提升的主要因素。迫切需要以海绵城市理念为引导，开展源头雨水径流控制和净化，促进城市水环境质量提升。

（4）将海绵城市理念融入老旧小区改造，提升人民群众幸福感

在城市更新背景下，内涝积水、管网缺陷、路面破损、停车紧张、设施缺乏等改造任务与海绵城市建设工作高度契合，通过对小区屋面、排水管网、道路、绿地系统的改造和整体的径流组织优化，最终实现老旧小区雨水控制能力的提升和小区环境的整体改善。

3.2 保护修复城市生态海绵空间，提高雨水涵养能力

（1）识别流域生态空间，构建城市山水生态格局

通过对现状建成区脉络与肌理的研究分析，识别水生态敏感区（河流、湖泊、水库、湿地、坑塘、沟渠等）、重要的生态斑块和廊道，《规划》形成"七山环抱，两湖相映，一河带城，水网纵横"的海绵城市生态格局（图2）。"七山"即震雷山、贤山、龙飞山、金牛山、羊山、龟山、琵琶山；"两湖"即南湾湖和北湖；"一水"即浉河；"水网"即城区18条内河水系。

（2）保护城区天然山体和坑塘，提高雨水涵养和滞蓄能力

城市上游的羊山新区、高新区、南湾管理区等区域天然坑塘密布，是城市天然的雨水存蓄与净化场地。《规划》识别出中心城区现存的低山浅丘和自然坑塘，提出以公园绿地建设的形式，保护修复现状23座自然山体和109座自然坑塘。其中，通过保护1.64km²天然坑塘水面面积，可发挥49万m³的自然调蓄功能。

3.3 "蓝绿灰"融合，构建现代化城市内涝防治体系

（1）搭建数学模型，精准评估城市内涝风险

《规划》采用Infoworks ICM水力数学模型，耦合气象降雨、高精度城市地形、地下排水管网信息系统、城市河湖水系等多源数据，并通过监测数据率定，构建城市内涝风险评估模型，系统评估信阳市现状设施排水能力和城市内涝风险。经评估，不足3年重现期的管网占比约64.3%，过流能力不足30年一遇的河道占比约23.6%（图3），30年一遇降雨条件下城市内涝风险点位75处（图4）。

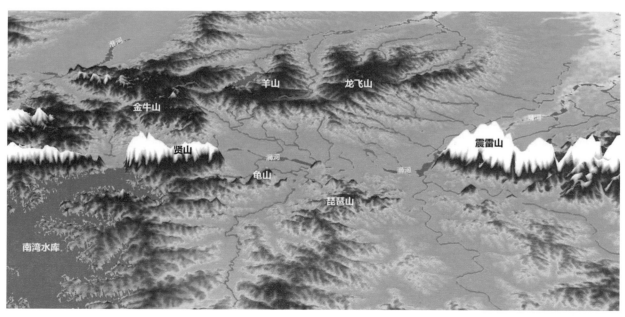

图2　信阳市海绵城市生态格局构建
Fig.2　Ecological pattern map of Xinyang sponge City

图3　信阳市管网、河道排水能力评估图
Fig.3　Assessment of drainage capacity of pipe networks and rivers in Xinyang

图4　信阳市30年一遇设防标准下内涝风险评估图
Fig.4　Waterlogging risk assessment under the 30-year return period fortification standard in Xinyang

（2）水系治理，打通城市排涝"动脉"

自北向南穿城而过的18条内河水系是城市最重要的涝水行泄通道，城市建设面积不断扩大、部分水系被覆盖或者侵占导致涝水出路不足，是制约信阳城市内涝防治的最主要因素。《规划》按照30年一遇标准，计算设计流量，校核河道过流能力，制定河道断面改造方案，并针对性地提出近期改造时序。

对于谭家庙河、二号桥河、中山铺河等位于城市新建区域河道，《规划》提出按照30年一遇排涝标准，划定河道蓝线，高水平地建设生态河道，保障城市排水能力。

对于新申河、五里沟、棉麻沟等老城区河道，以区域内涝积水问题为导向，对用地空间紧张、拆迁难度较大的河段，充分利用上游和周边自然坑塘调蓄能力，构建涝水蓄排平衡体系，提高涝水行泄通道过流能力；对纳入城市更新改造计划区域的河段，提出部分被填埋覆盖的水系实现揭盖复明，恢复和提升其排水功能，解决区域涝水行泄问题，如五里沟、棉麻沟老城区段，由原来不足2m的黑臭盖板沟，恢复为10～20m宽的生态河道，解决附近区域的内涝积水问题。

（3）蓄排并举，开拓城市滞水空间

信阳市坑塘密布，是雨水天然的调蓄池。《规划》提出在保护的基础上，充分挖掘坑塘调蓄潜力，有效应对超标降雨，缓解城市内涝压力。通过打造公共海绵空间，分析坑塘及周围区域竖向条件和汇水需求，为周边客水提供滞留、缓释空间，消除内涝积水情况；通过连通河道，构建蓄排体系，削峰错峰，提升水安全保障能力。以新申河流域为例，其大部分河段位于老城区，由于老城区河道两侧城市建设密度高，按照排涝标准拓宽，拆迁量较大，推进困难。通过方案比选，规划采取"上游调蓄、中游分流、局部拓宽"相结合的策略，提升河道排涝能力。上游充分利用金牛山山体公园、水库及支流自然坑塘，调蓄雨水径流8万m³；中游沿新七大道、北京大街建设排水箱涵，进行减压分流；下游局部严重卡点按照30年一遇标准拓宽河道断面，保障新申河流域排涝安全（图5）。

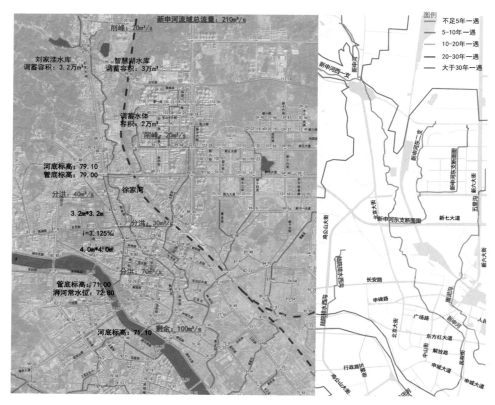

图5　蓄排结合提高新申河过流能力
Fig.5　Combination of storage and drainage to improve the overflow capacity of Xinshen River

变革与创新

优秀规划设计作品集Ⅲ　中规院（北京）规划设计有限公司

（4）管网提标，补齐城市排水"短板"

规划新建管网按照3年重现期标准建设，现状管网对不足3年重现期的进行分期分批改造，并提出优先对存在内涝积水且重现期不满足1年的市政道路雨水管渠实施提标改造（图6）。此外，按照有效应对30年一遇降雨标准，对城市5处重要交通节点下凹桥泵站实施提标改造，新增5.2m³/s强排能力。

（5）源头海绵，削减雨水径流总量

建设海绵型建筑和小区、道路和广场、公园绿地和水系，发挥海绵体"渗、滞、蓄、净、用、排"功能，控制雨水径流总量，削减雨水峰值，提高整体排水能力。按照排水分区，划定海绵城市管控单元49个，按照新建区域年径流总量控制率不低于70%、老城改造区域年径流总量控制率不低于60%的总体要求，将年径流总量控制率指标分解至各管控单元，作为后续详细规划中落实到地块指标的依据。

3.4 "海绵+"与"+海绵"，打造宜居韧性海绵社区

新建项目以目标为导向，加强全流程管控，以"海绵+"方式开展系统建设，提升新建项目建设品质，全面落实海绵城市建设要求。在新建住宅小区、公共建筑和公用设施项目、公园绿地、城市道路等项目中，充分运用"渗、滞、蓄、净、用、排"等技术措施以及生物滞留池、透水铺装、雨水湿地、雨水调蓄池等海绵设施，最大化地从源头实现雨水径流总量控制、径流污染削减、峰值流量控制和雨水资源化利用的相关目标，同时要注重兼顾植物选配和整体景观效果，建设高品质海绵社区。

改造项目以问题为导向，结合城市更新，通过"+海绵"方式切实解决实际问题，提升社区安全宜居水平。改造项目主要结合积水点治理、雨污分流和雨污混错接改造、绿化景观提升、道路改造和闲置地块覆绿等项目开展。在改造过程

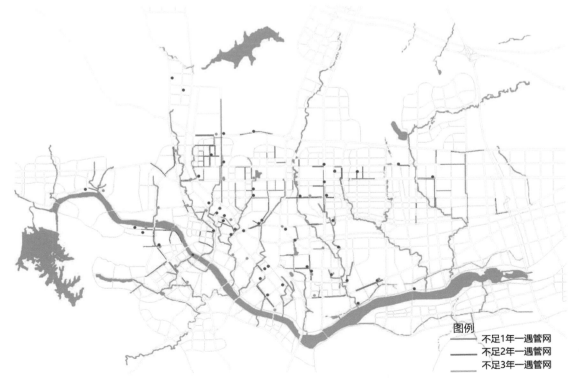

图例
—— 不足1年一遇管网
—— 不足2年一遇管网
—— 不足3年一遇管网

图6 规划近期改造排水管道分布图
Fig.6 Distribution of drainage facilities planned to be renovated recently

图7 新改建项目落实海绵理念
Fig.7 Implementation of the sponge concept in newly reconstructed projects

中，优先解决排水管网不完善、易淹易涝、雨污水管网混错接等问题，并在解决居住社区设施不完善、公共空间不足等问题时，见缝插针融入海绵城市理念，充分利用居住社区内的空地、荒地、拆违空地增加公共绿地和袖珍公园等公共活动空间，实现景观休闲、防灾减灾等综合功能（图7）。

3.5 示范带动，系统打造重点片区

按照基本实现30年一遇内涝防治标准的要求，结合城市建设和更新计划，确定部分基础条件好、特色突出、问题集中的排水分区作为典型示范，建成具有连片效应、引领效应的海绵城市集中展示片区，确定北湖新城片区、羊山片区、湖东片区、南湾风景区四大片区为信阳市海绵城市建设重点示范区，为系统化全域推进海绵城市建设工作提供样板，实现"干一片、成一片"（图8）。其中，北湖新城片区为信阳市海绵城市建设管控示范区，羊山片区为"蓝绿灰"相融合水系统健康循环示范区，湖东片区为海绵城市引领老城有机更新示范区，南湾风景区为源头海绵城市生态涵养示范区。

3.6 挂图作战，系统谋划近期重点建设项目

根据以上方案，系统谋划"十四五"期间重点建设项目，包括水生态保护修复、山体生态保护修复、雨洪行泄通道、市政排水管渠、市政排涝泵站、市政再生水管道、源头雨污分流改造、海绵型建筑小区、海绵型公园绿地、海绵型道路、能力建设11大类56个海绵城市建设项目包，总投资约40亿元。统筹安排项目建设时间节点和责任主体，绘制海绵城市项目一张图，开展"挂图作战"（图9）。

3.7 建立长效机制，确保系统全域推进

《规划》提出信阳市海绵城市建设立法建议，为海绵城市建设提供法律保障；提出信阳市成立海绵城市建设领导小组，加强组织保障。针对不同类型项目审批流程和责任主体不同的特点，提出针对性管理要求和流程，包括土地出让类、土地划拨类（公建、公园）、新建道路类、政府投资改造类等项目，一一明确海绵城市规建管流程，确保所有新改建工程项目落实海绵城市理念（图10）。

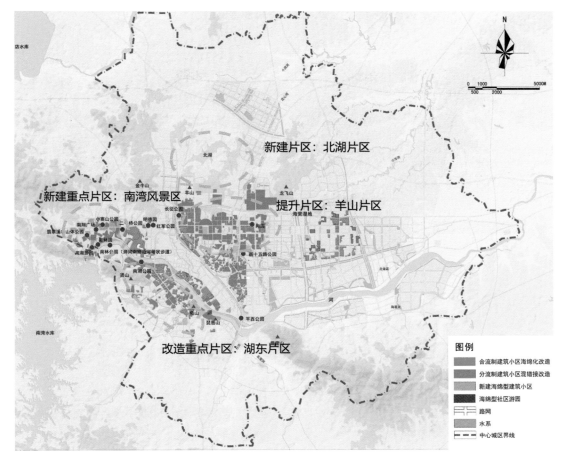

图8　信阳市海绵示范片区分布
Fig.8　Distribution of sponge demonstration areas in Xinyang City

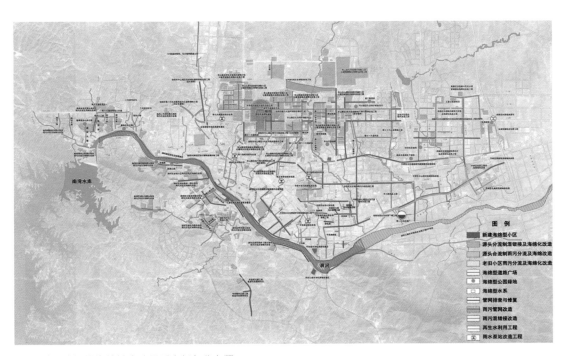

图9　信阳市近期海绵城市建设重点任务分布图
Fig.9　Distribution of recent main tasks of sponge city construction in Xinyang

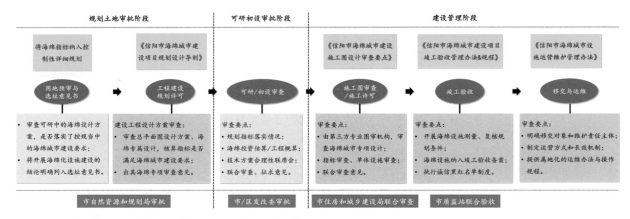

土地划拨类项目（公建、公园）海绵城市管控流程

图10　分类分项海绵城市管控流程（以土地出让类项目为例）
Fig.10　Classified and itemized sponge city control process (with land leasing projects as an example)

4 | 特色与亮点

4.1 构建了"蓝绿灰"基础设施协同防涝的现代化城市排水防涝体系

针对信阳市硬化比例高、管网标准低、排水出路缺少、局部低洼等城市内涝成因，按照30年一遇内涝防治标准，构建了从源头减排就地消纳、完善城市雨水管渠、城市坑塘调蓄、城市内河拓宽治理等"蓝绿灰"措施相融合的现代化城市排水防涝体系（图11）。

图11　排水防涝系统治理技术路线图
Fig.11　Technical roadmap for the improvement of drainage and waterlogging prevention system

4.2 运用数学水力模型辅助方案制定，提高规划科学性

采用数学水力模型（图12），耦合降雨、下垫面、地形地貌、排水管网、内河水系等，构建排水防涝模型（图13），定量评估管网、雨洪行泄通道排水能力和现状内涝风险等级，识别内涝防治标准内涝风险区，为海绵城市建设系统化方案的制定提供定量数据支撑，提升了《规划》和《方案》

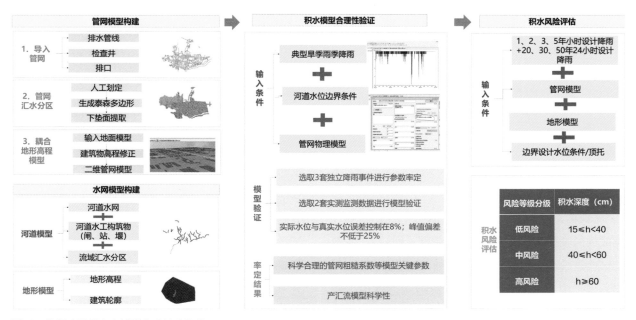

图12 信阳市数学水力模型构建技术路线
Fig.12 Technical roadmap for the establishment of mathematical hydraulic model in Xinyang City

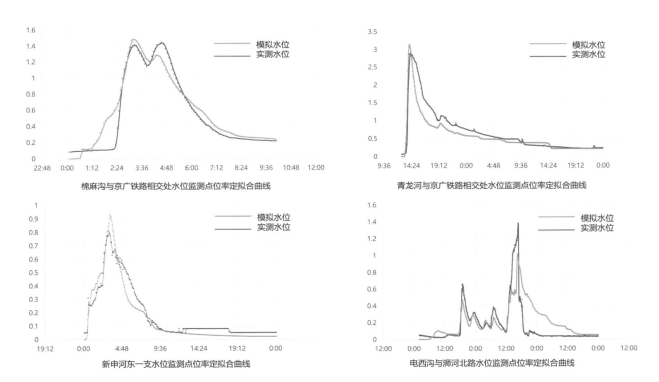

棉麻沟与京广铁路相交处水位监测点位率定拟合曲线

青龙河与京广铁路相交处水位监测点位率定拟合曲线

新申河东一支水位监测点位率定拟合曲线

电西沟与浉河北路水位监测点位率定拟合曲线

图13 信阳市模型率定结果示例
Fig.13 Example of model calibration results in Xinyang City

编制的科学性和针对性。

4.3 强化落地实施，可操作性强

本《规划》和《方案》主要从区域、流域、城市、设施、社区5个层次，以及水安全、水资源、水环境、水生态4个维度，详细制定信阳市近远期海绵城市建设一张蓝图，规划方案内容丰富、技术方案扎实，每一个层级和维度都提出了明确的规划方案和工程建设任务，针对性地制定了"十四五"实施方案，明确建设项目和建设时序，可操作性强，便于《方案》落地实施，有力地支撑并推进了信阳市海绵城市建设。

5 | 项目实施效果

5.1 规划方案获得市政府批复，一大批海绵项目初见成效

《规划》已通过市政府批复，获得了河南省2021年度优秀城乡规划设计一等奖。依据《规划》，将海绵城市理念全面融入城市建设中，统筹推进城市内涝治理、黑臭水体治理、建筑和小区开发建设、老旧小区改造、公园绿地建设等工作，建成了一批海绵城市典型示范项目。截至目前，信阳市已完成了以工商局家属院、行政中心、铂金丽都等为代表的海绵型建筑和小区建设，以羊山森林植物园、羊山公园、奥林匹克公园、花境园等为代表的海绵型公园绿地，以新五大道、新二十大街、新三十六大街等为代表的海绵型道路，以二号桥河、中山铺河、吴家上垮河等为代表的海绵型水系（图14）。目前，信阳市建成区达标排水分区面积超过20%，城市黑臭水体全面消除，城市内涝防治水平有效提高。

5.2 《规划》确定的规划建设管理闭环制度得到有效执行

2022年《信阳市排水管理条例》印发实施，将海绵城市融入其中，从法律层面明确了海绵城市建设责任主体和建设流程，使信阳市海绵城市建设做到有法可依，有章可循；信阳市成立并更新了海

图14　信阳市海绵城市示范城市建设掠影
Fig.14　Photos of sponge demonstration city construction in Xinyang

绵城市建设领导小组，在城市管理局成立了海绵城市建设科专职海绵城市建设；印发出台了规划管控、建设管理、运行维护、绩效考核等10余项全流程管控制度；印发了海绵城市技术导则、标准图集、工程施工、运维规程、标准定额等10项技术标准。从法律、组织和技术等方面为信阳市海绵城市建设提供了全方位技术和管理制度支撑。

5.3 规划实施有力支撑了国家首批海绵城市建设示范城市申报工作

海绵城市专项规划和实施方案的编制和实施，为信阳市积累了宝贵的海绵城市顶层设计和建设经验。2021年6月，通过竞争性评审，信阳市代表河南省成功申报成为国家首批系统化全域推进海绵城市建设示范城市。

6 | 结语

本规划为信阳市海绵城市建设提供了有力的支撑，助力信阳市海绵城市建设示范市的成功申报，指导了一批海绵城市精品典范项目的落地实施，对保护和修复城区自然海绵体、恢复信阳市生态之美、提高城市宜居韧性发挥了重要作用。目前，中国城市规划设计研究院生态市政院正在为信阳市海绵示范城市建设提供后续技术咨询服务，技术咨询组从规划编制、方案制定、示范城市申报及创建，全程见证了信阳市海绵建设理念从生根发芽到深入人心的蝶变过程，也收获了规划工作带来的成就感和满足感。

14 遂宁市嘉禾东路39号小区海绵化改造项目
Sponge-Oriented Renovation of No. 39 Community of Jiahe East Road, Suining City

▍项目信息

项目类型：专项规划
项目地点：四川省遂宁市船山区
项目规模：占地面积约1万m²
完成时间：2017年2月
委托单位：遂宁市住房和城乡建设局

项目主要完成人员

项 目 主 管：王家卓
技术负责人：任希岩
项目负责人：李文杰
主要参加人：唐磊　覃光旭
执 笔 人：李文杰

▍项目简介

　　嘉禾东路39号小区位于四川省遂宁市老城区，建于20世纪90年代，为老旧小区。海绵化改造前，小区存在排水标准低、雨污合流、内涝积水、路面破损、居住环境差等问题。在综合分析该小区所在排水分区的基础上，结合小区地质条件，以问题为导向对小区进行了综合改造。在雨水径流的源头增设了下沉式绿地、透水铺装、雨水收集利用等海绵设施，强化了雨水的就地消纳和下渗，并对小区周边和内部的排水管网进行了改造，不仅解决了小区内涝积水、雨污合流等问题，也有效缓解了市政排水管网的压力。在海绵化改造解决排水问题的基础上，同时梳理了小区的空间，增加了停车位，修缮了小区的停车棚，提升了小区的绿化品质，将强电弱电管线下地，解决了"蜘蛛网"问题。改造后，小区生活环境明显改善，居民生活品质有了显著提升，群众反响良好，该工程为遂宁市老旧小区海绵化改造提供了丰富的经验。

▍INTRODUCTION

The No. 39 Community of Jiahe East Road is an old community built in the 1990s in the old urban area of Suining City, Sichuan Province Before the sponge-oriented renovation, there were problems such as low drainage standards, confluence of rainwater and sewage, waterlogging, pavement damage, and poor living environment in the community. On the basis of comprehensive analysis on the drainage zone of this community, in view of its geological conditions, comprehensive renovation has been carried out to solve the existing problems. Emphasis are placed on building sponge facilities such as sunken green space, permeable pavement, rainwater collection and utilization facilities at the source of rainwater runoff to strengthen on-the-spot absorption and infiltration of rainwater, and renovating the drainage network around and inside the community, which not only solves the problems of waterlogging and rainwater and sewage confluence within the community, but also alleviates the pressure of the municipal drainage network. Based on this, measures are taken to renovate the community space, such as increasing the parking lot, repairing the parking shed, improving the green space, and laying heavy current and light current lines underground. After renovation, the living environment of the community has been significantly improved, the quality of life of the residents has been greatly promoted, and the public response is good. This project has provided rich experience for the sponge-oriented renovation of old communities in Suining.

1 | 背景

2015年四川省遂宁市成功申报为第一批海绵试点城市后，中国城市规划设计研究院以编制《遂宁市海绵城市专项规划》和海绵城市技术咨询服务项目为突破点，在遂宁市承接了集专项规划编制、详细方案设计、施工图设计、技术服务咨询于一体的系列项目，为中国城市规划设计研究院的市政基础设施规划项目从顶层规划到落地实施提供了详细案例。

嘉禾东路39号小区是遂宁市第一批海绵化改造小区，小区改造前存在雨污合流、内涝积水、居住环境差等系列问题，通过中国城市规划设计研究院的设计，小区生活环境明显改善，获得居民的高度认可，成功打造成为遂宁市海绵建设样板项目。截至2022年底，来嘉禾东路39号小区参观学习小区海绵化改造经验的城市近百个，该项目为老旧小区海绵化改造提供了遂宁模式。

2 | 现状及问题分析

嘉禾东路39号小区位于遂宁市老城区，嘉禾东路北侧，建于20世纪90年代，占地面积约1万m²。小区现有居民126户，400余人。

根据对嘉禾东路39号小区的调查、分析，主要存在以下几方面的问题。

（1）排水体系不完善，建设标准低，雨污合流

小区排水系统混乱，排水设施陈旧，且为雨、污合流制。小区的雨水和污水都是通过盖板渠排入市政污水管网，一方面由于排水渠严重渗水，污水渗入地下会造成地下水的污染，另一方面，雨季时雨水进入下游污水管线，加重了下游污水管及污水处理厂的负担。

现状排水管道为500mm×300mm合流暗渠，实测坡度约2‰，过流能力约0.1m³/s，由于管网长期未进行清掏，淤积严重，同时管网年久失修，内壁严重腐蚀，导致现状排水管网过水断面变小，粗糙系数变大，过流能力严重不足。

（2）路面破损，积水现象严重

由于该小区建成已有30余年，受限于当时的施工工艺技术及后期运营管理水平，小区路面破损现象严重，大量区域积水。具体表现为：面层混凝土破碎，路面不完整，造成老年人行走不便、

行车颠簸；路面不均匀凹陷或凸起，进一步降低了步行、车行舒适性，降雨时凹陷区域则处于积水状态；人行道砖存在平整度差、缺砖、喷泥等现象，局部区域如同"跷跷板"，雨天行走容易滑倒或被溅水，小区居民反应强烈。

（3）各类设施老化严重，绿化品质差，环境条件差

由于小区没有专门的物业，维护管理长期不到位，大量设施老化严重，居住环境品质大幅降低。如小区绿化植被缺乏管理，花坛树池内杂草丛生、杂物众多，夏天甚至出现异味；小区停车棚年久失修，墙体结构松散，顶棚漏雨，照明设施损坏，存在一定的安全隐患。

（4）强弱电管线无序悬挂，"蜘蛛网"现象突出

受限于建设年代，小区强电、弱电并未下地敷设。电力线路在小区空中交织，杂乱无章，极大地影响了小区视觉环境。同时，在维修或新增电力线路时由于相互干扰，停电、断网等现象时有发生。更有部分强电线路绝缘外壳老化，长期暴露在行人通道之上，当遇到降雨等特殊情况时，甚至引发触电风险。

3 | 改造目标

本项目对接《遂宁市海绵城市建设专项规划（2015—2030）》《遂宁市城市排水（雨水）防涝综合规划》，确定年径流总量控制率为60%，管道设计重现期达到5年，内涝防治重现期达到30年。在海绵化改造的基础上，要同步提升小区的居住环境。

4 | 改造条件分析

4.1 小区周边排水管网条件

通过对嘉禾东路39号小区的所在的排水分区的排水管网进行分析，小区北侧有一根*DN*900市政污水主管，接入滨江北路*DN*1200污水主干管，小区南侧嘉禾东路有一根*DN*600合流管，接入滨江北路。同时滨江北路有一现状雨水管线，接入明月河（图1）。

小区周边排水管网存在以下两方面的问题：

（1）小区周边没有雨水管线，如果仅对小区进行雨污分流改造，雨水依然要进入市政污水管线或合流管线，对降低雨季下游污水管线的负荷作用不大；

（2）周边合流制管线的管径偏小，达不到《遂宁市城市排水（雨水）防涝综合规划》要求的设计重现期3年的标准。

4.2 下垫面分析

嘉禾东路39号小区位于遂宁市老城区，总用

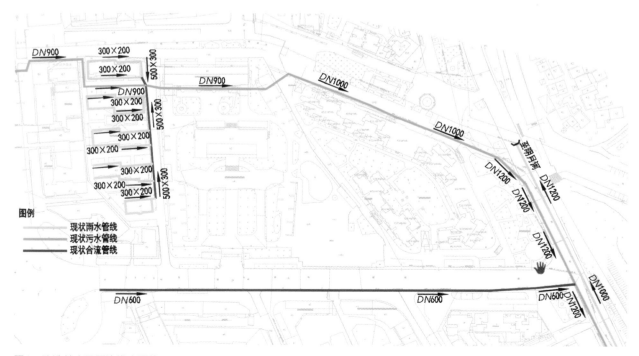

图1　改造前小区周边排水系统
Fig.1　Drainage system around the community before renovation

变革与创新

中规院（北京）规划设计有限公司
优秀规划设计作品集Ⅲ

下垫面分析一览表　　　　　　　　表1
Underlying surface analysis　　　　　Tab.1

序号	下垫面类型	面积（m²）	面积比例（%）
1	屋面	2243.00	23.40
2	硬质铺装	3755.00	39.18
3	绿地	3587.00	37.42
4	合计	9585.00	100.00

地面积9585m²，屋面面积2243m²，硬地面积3755m²，绿化面积3587m²；绿地率为37.42%（表1）。通过分析，小区的绿地率较高，可以充分挖掘绿地的潜力，建设下沉式绿地，提升小区的雨水蓄滞能力。

4.3 现状地质条件分析

嘉禾东路39号小区所在区域地质构造位于四川沉降拗褶带的川中褶皱带，地理位置位于涪江河西岸Ⅰ冲洪积阶地中后部，为冲洪积地貌。

地层岩性主要由第四系人工堆填土层、第四系全新统冲洪积层组成。小区内地基土层自上而下依次为素填土、黏土、粉质黏土、粉土，土壤渗透率较高。根据周边气象及水文观测资料，年综合雨量径流系数约0.3，地下水埋深在-2～-3m之间、平均高程-2.5m、年变化幅度多为1～2m，渗透系数约20m/d。通过分析，小区的土壤渗透性较好，且地下水埋深在2m以上，因此小区可以尽量多采用渗透类海绵设施，加强雨水的源头下渗。

5 | 改造方案

5.1 完善小区周边排水管网，解决雨水出路问题

新建排水通道，补齐排水短板。现状小区南侧嘉禾东路无雨水管线，排水采用DN600雨污水合流，规划新建一条DN1200雨水管线，接入现状滨江路DN1000雨水管线。该DN1000雨水管线，已列入改造计划，增大排水管径，提高排水能力。

5.2 改造小区内部排水管网，提高小区排水标准

小区实施雨污分流改造，利用原有合流渠作为污水管线，新建雨水干管，疏浚现状排水渠，提高管道重现期至5年一遇的要求。

（1）暴雨流量计算

嘉禾东路39号小区雨水来源分为两部分；一是屋面雨水，其汇水面积为0.22hm²；二是路面及绿地雨水，其汇水面积为0.78hm²，小区路面由硬质混凝土铺装改为透水混凝土铺装。根据雨水来源计算小区暴雨流量如下。

雨水设计流量公式：

$$Q=q\psi F（L/s）$$

暴雨强度（q）采用遂宁市暴雨强度公式，该公式是遂宁气象台2015年最新编制的，公式计算中暴雨资料选样采用年最大值法，暴雨强度公式采用耿贝尔分布+最小二乘法计算得到，具体公式如下：

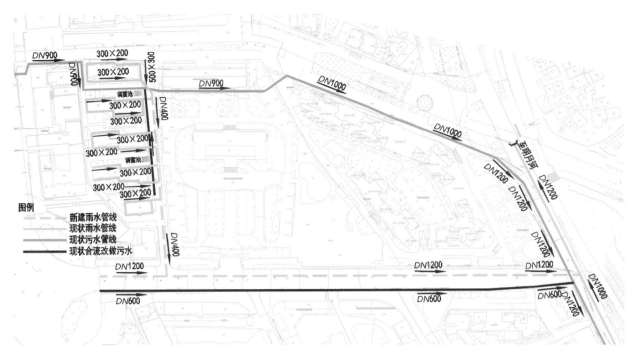

图2　改造后小区周边排水系统
Fig.2　Drainage system around the community after renovation

$$q=\frac{1802.687\times(1+0.763\lg P)}{(t+17.331)^{0.658}}\;(\text{L/s}\cdot\text{hm}^2)$$

暴雨重现期：P=5年。

设计降雨历时：$t=t_1+t_2$

其中：

地面集水时间：t_1=5（min）

管渠内雨水流行时间：t_2按计算确定。

径流系数：屋面ψ=0.9，透水混凝土ψ=0.45，绿地ψ=0.15；综合径流系数ψ=0.44

汇水面积（F）分地块计算（hm²）。

小区南北长度约200m，东西宽度约60m，管内流行时间取约4min，降雨历时取9min。

根据计算小区5年一遇的设计流量为136L/s。

（2）管网改造

根据小区特点和流量计算结果，在嘉禾东路39号小区内新建雨水调蓄池用于回用雨水，同时管线按照5年一遇的设计标准进行设计，以便超标雨水快速排出区域汇水。

本次排水主管采用钢筋混凝土排水管，管径取DN400，纵坡为0.5%，粗糙系数取0.013，经计算过流能力为147L/s，雨水管网设计排水能力满足排水需求（图2）。

5.3 融入海绵城市理念，强化雨水就地消纳

（1）提高小区可透水地面面积比例

将小区混凝土路面更换为透水混凝土路面后，小区综合径流系数由0.62降低至0.44（表2），相同情况下，将改造前排水能力不足1.5年一遇提高至5年一遇。

（2）增加雨水蓄滞空间

新建下沉式绿地、蓄水池、透水混凝土路面等海绵设施（图3），将年降雨量的90%就地消纳。小区径流控制量为248.16m³。下沉式绿地面积为420m²，调蓄深度0.1m，调蓄统计为42m³；透水路面面积为1596m²，路面面层以下铺设50cm碎石垫层用于蓄水，碎石层的体积为

变革与创新

中规院（北京）规划设计有限公司 优秀规划设计作品集Ⅲ

798m³，碎石按25%的孔隙率考虑，调蓄容积为199.5m³，蓄水模块调蓄容积为40m³；合计总调蓄容积为281.5m³（表3）。满足90%年径流总量

控制率要求，设计降雨量为56.4mm，相当于5年一遇40min的降雨量。超出设计降雨量对应的径流控制量的径流雨水，通过透水盲管、溢流口等

改造前后径流系数对比 表2
Comparison of runoff coefficient before and after renovation Tab.2

序号	下垫面类型	面积（m²）	改造前径流系数	改造后径流系数
1	屋面	2243.00	0.90	0.90
2	透水铺装	3755.00	0.90	0.45
3	绿地	3587.00	0.15	0.15
4	合计	9585.00	0.62	0.44

调蓄设施容积计算表 表3
Volume calculation of storage facilities Tab.3

调蓄设施	数量	单位	设计参数	调蓄容积（m³）
下沉式绿地	420	m²	蓄水深度0.1m	42.00
透水混凝土	1596	m²	厚0.5m碎石孔隙率0.25	199.50
蓄水池	40	m³		40.00
（合计）				281.50

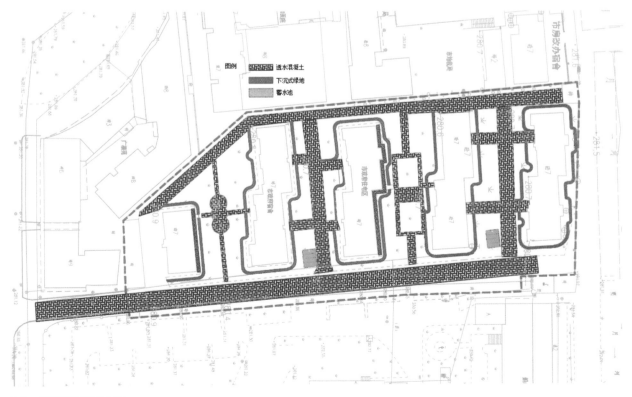

图3 海绵设施总平面图
Fig.3 General layout of sponge facilities

设施排入雨水管网。

5.4 完善小区功能，提升小区居住环境

（1）采用透水混凝土恢复路面

将普通混凝土路面改造为透水混凝土路面，通过使雨水下渗来提升小雨时路面干燥度，同时削减大雨时排水沟渠的排涝压力。

（2）完善地下管线

采用"海绵+N"的改造理念，对小区燃气及供水管线进行修缮及迁建，完成燃气管线迁建50m，完成供水管线迁建50m，疏浚建筑周边散水沟140m。将强弱电管线进行下地改造，解决小区"蜘蛛网"问题，提升小区的风貌。

（3）提升小区环境

梳理小区空间，小区停车位由原来的30多个增加到50个，解决了小区停车难的问题；同时对小区的停车棚、围墙、绿化、路灯进行修葺，提升了小区的居住环境，居民生活品质有了显著提升，群众反响良好。

6 | 建设成效

6.1 小区的排水能力得以提升，实现了"小雨不积水"的改造目标

透水混凝土、下沉式绿地及碎石渗透带等海绵设施将90%的雨水就地消纳，超过此标准的雨水溢流进入市政管网。积水现象消除：雨水实现削峰错峰排放，加上排水管网的完善，排水能力显著提升，内涝积水现象消除。

6.2 有效缓解了市政排水管网的压力

（1）强化雨水就地消纳下渗，降低了小区进入市政管线的雨水量

充分利用在透水铺装、下沉式绿地下敷设的碎石，利用碎石的孔隙蓄滞雨水，强化雨水就地消纳下渗。经监测，小区在2018年7月3日24小时降雨量为136.4mm时，出流仅为151.47m³；2018年8月5日，24小时降雨量为27.4mm时无明显出流。年降雨径流总量控制率为90.57%，大大降低了市政雨水管线的压力。

（2）延缓雨水进入管道的时间

通过海绵设施延长雨水径流路径，改变雨水直接通过雨水口进入雨水管网的方式，让雨水先进入海绵设施后，再溢流进入雨水管网，延缓雨水进入管道的时间。以2018年7月3日降雨为例，该场降雨24小时降雨量为136.4mm，降雨峰值出现在7月3日3点整，而管道流量峰值出现在7月3日4点整，错峰时间接近1小时，延缓了小区雨水进入市政管网的时间，有效降低了管道峰值流量。

6.3 小区雨污分流

通过对小区内部及周边的管径进行雨污分流改造，减轻了雨季时下游污水管线的压力，减轻了污水处理厂雨季运行的压力。

6.4 雨水资源利用

在雨水的径流路径上进行了滞蓄并就近利用，小区内两座雨水蓄水池共40m³，年利用雨水量200m³，供给绿地灌溉及道路浇洒，实现本区域雨水的径流控制及雨水的合理利用。

6.5 环境整体提升

项目在实施过程中，与居委会和业主代表多渠道进行了沟通，在设计和施工过程中广泛征求了相

关意见，通过海绵城市改造达到目标的同时，也解决了小区自身存在的道路破损、绿化凌乱、照明不足等问题，改善了居住环境，提升了小区居住品质，受到了居民一致好评（图4）。

图4　改造后小区实景图
Fig.4　Photo of the community after renovation

7 | 结语

　　老旧小区海绵化改造是海绵城市建设的难点，遂宁市嘉禾东路39号小区海绵化改造项目为全市海绵城市建设的样板工程之一，为遂宁市老旧小区海绵城市改造提供了丰富的经验。该项目在提升小区排水管道标准时，并不是简单地对小区的排水管线进行改造。而是一方面在雨水径流的源头增设了下沉式绿地、透水铺装、雨水收集利用等海绵设施，强化了雨水的就地消纳和下渗，通过削峰错峰降低雨水径流峰值，有效缓解市政排水管网的压力；另一方面在对小区进行改造时，跳出小区本身，梳理小区所在区域的排水存在的问题，系统地解决问题。同时在对小区进行海绵化改造时，不能仅仅局限于绿化、排水等问题，而要从实际出发，综合解决小区存在的问题，才能最大地发挥效益。

导言

城市是经济社会发展的必然产物，其功能的多样性和便利性可以满足市民的各种需要，而安全就是最基本的需要。在历史上，人类创造城市就是基于安全的需要——"筑城以卫君，造郭以守民，此城郭之始也"。然而，当今的城市，人口和规模急剧扩张，功能日趋复杂，而城市运行和管理更趋开放和自由，影响城市安全的不确定性因素增加；同时，随着全球气候变化和地壳运动进入活跃期，暴雨、台风、地震等极端灾害愈发频繁；各种传染病疫情威胁公众健康，城市面临更多的风险。《中共中央关于制定国民经济和社会发展第十四个五年规划和二〇三五年远景目标的建议》首次以国家文件的形式提出建设韧性城市，提高城市治理水平；党的二十大报告和2023年1月召开的全国住房和城乡建设工作会议也明确提出实施城市更新行动，打造宜居、韧性、智慧城市。不同于传统的城市发展模式，韧性城市更加强调城市系统自身在应对环境变化上的控制能力、组织能力和适应能力，设计和构建一套相对平衡、有序的城市安全保障体系。城市更新则是中国新型城镇化进程中贯彻落实"增量建设转为存量提质"新发展理念、推动城市高质量发展的有效途径。利用好城市更新的宝贵契机，为城市注入"韧性"，建设韧性城市成为我国建设美丽城市、推进以人为核心的新型城镇化建设的重要选择，也是实现城市可持续发展的重要途径。

中规院（北京）规划设计有限公司技术团队在规划研究与项目实践中一直在探索以系统性、全流程、动态化的风险评估和安全建设适宜性评价为基础，落实习近平总书记关于防灾减灾提出的"两个坚持""三个转变"重要论述思想，将城市防灾减灾的工作思路从基于传统工程思维的防御策略转向动态风险管理的适应性对策构建，从应对单一灾种向应对综合减灾转变，从针对防灾、救灾等节点的应对转向适于灾害全过程的系统应对，以期实现城市应对灾害策略的动态调整，推动城市应对灾害能力的动态提升。本篇整理的3个项目在提升城市安全韧性和空间品质方面进行了积极尝试，技术团队兼顾有限资源条件下的安全性与经济性，将城市系统平时服务与灾时应急保障功能相结合、地上空间与地下空间统筹利用、空间和工程手段与管理机制相衔接的韧性思想融入规划方案，从空间规划与城市运营管理相结合的视角系统地构建宜居韧性城市，希望能为其他规划实践提供有益的思路。

Part Four

| 第四篇 |

韧性城市建设

Resilient City Construction

15 北京市大红门地区地下空间开发利用专项规划

Sectoral Planning for Development and Utilization of Underground Space in Dahongmen Area of Beijing

▍项目信息

项目类型：专项规划
项目地点：北京市丰台区
项目规模：7.6km²
完成时间：2021年10月
委托单位：北京市规划和自然资源委员会丰台分局

项目主要完成人员

主 管 总 工：黄继军 李利
项 目 主 管：吕红亮
技术负责人：任希岩
项目负责人：刘荆
主要参加人：邹亮 陈志芬 羊娅萍 罗兴华 刘超 韩永超
执 笔 人：李利 刘荆

木樨园站综合型轨道微中心空间规划图
Spatial planning of comprehensive rail transit micro-center at Muxiyuan Station

▍项目简介

本项目是为大红门地区街区控制性详细规划提供支撑的专项规划研究。项目明确了地下空间发展目标与原则，划定地下空间禁止建设区、限制建设区、重点建设区3类控制分区的空间范围，并针对各控制分区提出地下空间规划引导要求。项目探索了在北京市重点地区和轨道交通站点周边开展地下空间一体化设计的关键技术，包括形成地下公共空间网络、提升地上地下空间品质、打造轨道微中心等问题的解决思路，提升了控制性详细规划的立体性，支撑了城市更新与高质量发展。

▍INTRODUCTION

This project is a sectoral planning study to support the neighbourhood regulatory detailed planning of the Dahongmen Area. In the project, emphasis is placed on determining the goals and principles for underground space development, delineating the spatial scope of three types of control zones in underground space: prohibited construction zone, restricted construction zone, and key construction zone, and proposing guidelines and requirements for underground space planning of each control zone. The project explores the key technologies for the integrated design of underground space in key areas of Beijing and in the surrounding areas of rail transit stations, and works out solutions such as establishing the underground public space network, improving the quality of the above-ground and underground space, and building the rail transit micro-centers, which not only improves the three-dimensionality of the regulatory detailed planning, but also provides support for urban regeneration and high-quality urban development.

1 | 项目背景

《北京城市总体规划（2016年—2035年）》要求协调地上地下空间关系，促进地下空间资源综合开发利用，统筹地上地下空间布局、功能、防灾和管理体系。统筹以地铁为代表的地下交通基础设施，统筹以综合管廊为代表的各类地下市政设施，统筹以人防工程为代表的各类地下安全设施，统筹以地下综合体为代表的各类地下公共服务设施，构建多维、安全、高效、便捷、可持续发展的立体式宜居城市。

《丰台分区规划（国土空间规划）（2017年—2035年）》要求加强重点功能区地上、地下空间一体化规划建设；统筹地下空间开发，坚持生态优先、先地下后地上、地上地下相协调、平战结合的原则，保障地下生态安全与防灾安全，统筹地下各类功能设施布局，促进城市空间立体分层发展，提高城市空间资源利用效率与综合承载力，完善城市地下公共空间与步行系统，构建丰台区高效、创新、复合、便捷、活力的城市地下空间系统。到2035年，人均地下空间建筑面积达到8m²。

大红门地区位于北京南中轴线上，南二环到南四环之间，规划面积760.7hm²，其中更新用地515hm²。大红门地区是丰台区重点发展地区之一，未来通过城市更新建成具有国际吸引力的首都商务新高地、有世界影响力的文化艺术新中心。区内现状地下空间利用与片区发展功能定位存在偏差，需要开展地上地下一体化规划设计，并将地下空间规划设计指标纳入街区控制性详细规划进行统一管理（图1）。

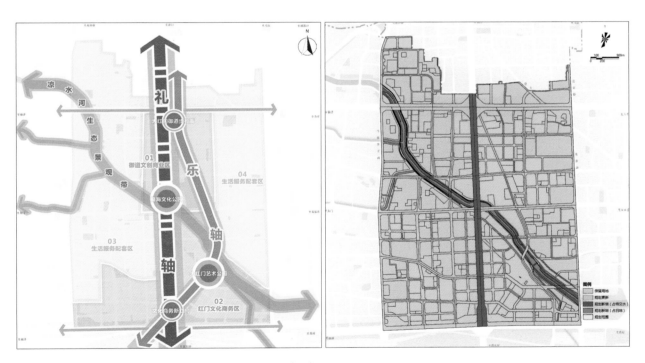

图1　大红门片区空间结构规划（左）、城市更新用地情况（右）图
Fig.1　Spatial structure planning of Dahongmen Area (left) and land used for urban regeneration (right)

2 | 规划思路

按照北京市和丰台区地下空间相关政策要求，在现状调研、相关资料研究的基础上，识别地下空间利用存在的问题，结合南中轴地区功能定位和空间结构，确定地下空间利用发展目标及模式；结合地面设施规划和用地布局方案，确定地下空间总体布局方案，统筹地下空间各类设施布局，重点开展轨道站点周边一体化设计。规划方案与地面城市规划和城市设计充分结合，形成地上地下一体化规划方案，确定的地下空间指标并编制地下空间附加图则纳入街区详规（图2）。

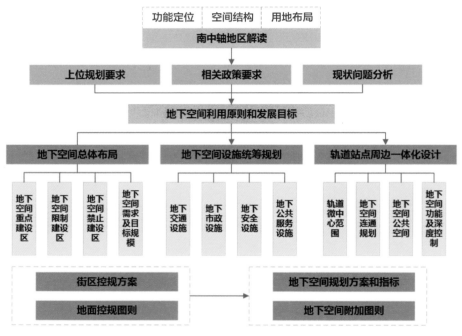

图2　规划技术路线图
Fig.2　Planning technical roadmap

3 | 规划主要内容

3.1　地下空间规划目标

地下空间规划以提升大红门地区城市发展质量、实现立体城市、国际品质为目标，全面统筹地下交通、市政、公共服务、防灾设施，完善城市基础配套服务功能，作好空间预留，提高土地集约化利用效率，旨在建设"高效、宜业、节地、安全"的南城地下空间城市更新示范区。

根据南中轴的产业功能，重点关注国际商务、时尚创意、文化演艺和生活服务4类高质量空间。地下空间和地上空间一体化协调发展，共同构建南中轴立体城市。通过南中轴地下空间的充分开发利用，释放更多的城市地面空间，为生态建设提供更好的条件，营造有南中轴特色的立体化公共空间系统，提高城市承载力以及城市可持续发展水平，形成以地下交通方式为骨架、以延伸性地下公共空间为主导的城市地下空间系统。

3.2 地下空间总体布局

地下空间总体布局划定地下空间禁止建设区、限制建设区和重点建设区（图3）并分别提出管控要求，以保护地下空间资源，避免地下空间无序开发。

（1）地下空间禁止建设区规划引导要求。大红门东门房保护范围及一类建设控制地带内，不得进行除文物保护之外的地下空间开发利用。凉水河及周边公园绿地除必要的市政交通类基础设施建设外，原则上不得进行地下空间开发利用。

（2）地下空间限制建设区规划引导要求。除地下空间禁止建设区外的其他公共绿地为限制建设区范围。新增公共绿地在不影响生态环境和绿地率指标要求的情况下，可结合实际需求建设地下交通、市政、防灾安全设施，相关建设方案应征询园林主管部门的意见。现状公共绿地为避免对现状植被及生态环境的影响，原则上不建议进行地下空间开发利用。

（3）地下空间重点建设区规划引导要求。地下空间重点建设区范围为轨道站点周边500m半径范围内的商业商务用地、公共服务设施用地、绿地与广场用地等。结合地铁站和交通枢纽，重点构建集公共空间、商业服务、地下停车、人防及地下步行通道于一体的地下综合体，同时预留M20线车

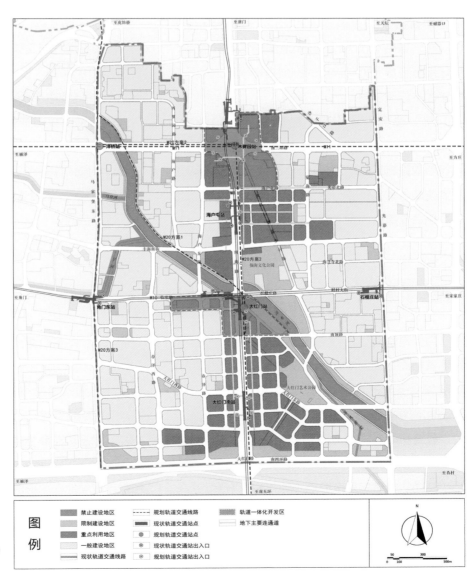

图3　地下空间管控分区图
Fig.3　Underground space control zoning

站进入地块内部空间的条件，加强与上盖物业一体化设计。

3.3 地下空间设施统筹

全面统筹以地铁为代表的地下交通基础设施，统筹以综合管廊为代表的各类地下市政设施，统筹以人防工程为代表的各类地下安全设施，统筹以地下综合体为代表的各类地下公共服务设施。

（1）地下交通设施。规划地铁线2条，为M11线和M20线；规划地铁站点3个，为M20线木樨园站、大红门站2座换乘站和M11线洋桥站1座一般站。按照北京市《公共建筑机动车停车配建指标》（DB11/T 1813-2020）、《北京市居住公共服务设施配置指标》(京政发〔2015〕7号）配建停车位，在地铁站点出入口500m范围内的开发项目，配建指标可参考上一级别的配建指标执行，地下停车比例不低于90%。

（2）地下市政设施。鼓励新建的110kV和220kV变电站、垃圾收集站、再生水厂、雨水泵站等市政设施采用地下化建设，引导现状保留设施逐步改造入地。南三环路和南苑路规划建设综合管廊。综合管廊占用空间较大，地下空间重点建设区内应将综合管廊作为重要条件进行一体化设计。

（3）地下公共服务设施。加强文化建筑地上地下空间一体化设计。除停车外，地下空间建筑面积应达到地上建筑面积的15%～25%。鼓励教育类设施地下空间承载交通空间及部分服务功能，除停车外地下空间建筑面积应达到地上建筑面积的20%～40%。体育类设施地下空间可结合场地高程将主体场馆或附属空间下沉建设，地下空间建筑面积应达到地上建筑面积的25%。加强对医疗卫生类设施地下空间的综合利用，综合医院除停车外，地下空间建筑面积应达到地上建筑面积的25%；社区卫生服务中心除停车外，地下空间建筑面积应达到地上建筑面积的10%。

（4）人防工程。人员掩蔽工程的空间布局应满足人员在居住与工作场所的快速掩蔽需求，其出入口与所保障的人员生活、工作区距离不宜大于200m。每个防护街区的人防设施建设宜形成独立的人民防空工程防护体系。相邻人民防空工程之间、人民防空工程与城市其他地下工程之间应相互连通。鼓励人民防空工程在地下轨道交通站点周边适度集中建设，地下轨道交通站点与周边人民防空工程互连互通。

4 | 特色与亮点：轨道站点周边一体化设计

为促进轨道交通与城市协调融合发展，项目结合地铁站点、更新地块、改造建筑、绿地公园建设功能复合多元的地下空间，打造可生长蔓延的地下空间网络；结合文化体育、商业娱乐、商务办公、教育科研设施地上地下一体化设计，提升土地利用效率和空间品质；结合轨道微中心建设，统筹市政交通功能做好复杂节点一体化设计方案。

4.1 互连互通形成地下网络

轨道交通是地下空间发展的核心，给区域带来大量人流，结合轨道交通车站建设地下步行网络是实现绿色交通出行的措施之一，但往往由于更新项目与轨道交通建设时序不同步，错过了发展时机。规划结合地铁站点、更新地块、改造建筑、绿地公园建设功能复合多元的地下空间，打造可生长蔓延的地下空间网络（图4），连接城市主要节点和重点发展地区，形成点、线、面结合的地下空间网络，打造功能多样混合、充满活力的立体城市空间体系。

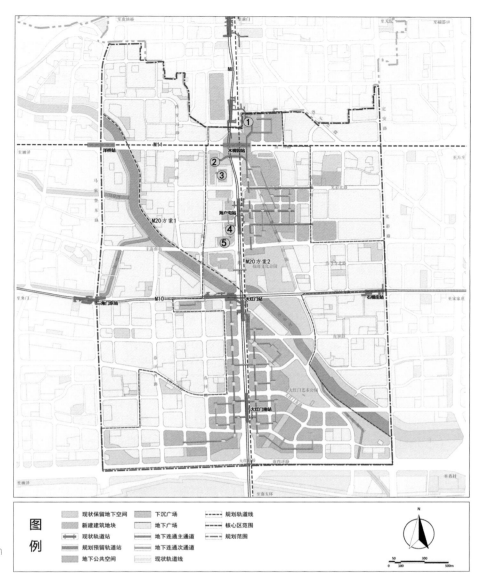

图4 地下步行系统规划图
Fig.4 Underground pedestrian system planning

图例：现状保留地下空间 / 新建筑地块 / 现状轨道站 / 规划预留轨道站 / 地下公共空间 / 下沉广场 / 地下广场 / 地下连通主通道 / 地下连通次通道 / 现状轨道线 / 规划轨道线 / 核心区范围 / 规划范围

（1）结合地下空间现状功能确定连通方案

现状地下空间功能和竖向影响到网络化方案制定。地下空间功能关系到连通需求的强弱，如地下停车功能与轨道交通的关联性较弱，而地下商业功能与轨道交通关联性较强；竖向标高关系到地下空间连通的可行性，如建筑地下空间要与轨道站厅层连接，而不能直连通付费区的站台层，因此不同地下空间的标高影响连通的可行性、连通位置和连接形式。本项目调查了片区内14个保留改造类建筑及轨道站地下空间的功能和标高，部分项目情况见表1。据此将北京京明世纪商品市场、天雅国际等项目的地下一层商业功能与轨道站厅层连通。

（2）用工程预研究思维保障项目可实施

考虑轨道交通车站的占地范围、出入口位置及与周边用地的空间关系以便落实规划指标。规划M20大红门站与既有M8大红门站并线，考虑工程建设需要，车站部分结构需进入地块内部，因此规划阶段就考虑将轨道上盖开发作为土地出让条件，避免错过发展时机。另外，轨道区间也按标准宽度预留，在上位规划不稳定时可考虑多方案预留，并反馈地面控规将地上作为绿地、道路或建筑退线控制，以保证未来轨道交通和用地的衔接（图5）。北京市要求轨道站周边用地的建设强度须高出范围外同类用地10%，稳定车站用地和出入口之后控规才能设

序号	项目名称	地下各层标高（m）及功能	轨道站名称	轨道站厅及轨面埋深（m）
1	北京京明世纪商品市场	地下一层：−5.4；商业；绝对标高：35.4 地下二层：−9.6；停车；绝对标高：31.2	木樨园站	站厅埋深：−13.87 轨面埋深：−20.02
2	天雅国际	地下一层：−5.1；商业；绝对标高：35.1 地下二层：−9.6；车库；绝对标高：30.6 地下三层：−13.35；车库；绝对标高：26.85	海户屯站	顶站厅埋深：−10.37 轨面埋深：−16.5
3	福海国际	地下一层：−4.5；自行车及商业；绝对标高：35.5 地下二层：−8.4；车库；绝对标高：31.6 地下三层：−12.3；车库；绝对标高：27.7	大红门站	站厅埋深：−14.4 轨面埋深：−25.12
4	新世纪服装商贸市场	地下一层：−4.5；商场 地下二层：−8.0；车库 地下三层：−13.5；车库	大红门南站	站厅埋深：−11.95 轨面埋深：−18.45
5	京温服装市场	地下一层：−4.2；商业店铺；绝对标高：26.25 地下二层：−8.4；车库；绝对标高：22.05 地下三层：−12.6；车库；绝对标高：17.85 地下四层：−16.1；车库；绝对标高：14.35	—	—

置容积率条件，也反映出规划需要先地下、后地上。

（3）通过地下空间附加图则管控连通性

重点地区补充地下空间图则增加地下控制指标，保证规划的严肃性与一致性（图6）。其中最重要的是管控连通性，包括与轨道站的连通以及地块之间的连通，保证项目连通有依据，同时要注意管控的刚性和弹性。本规划将地铁站与商业中心、文化中心和体育中心之间的地下主干通道作为刚性条件，如图则中的不可变部分；地块之间的连通做弹性引导，如图则中的可变部分。

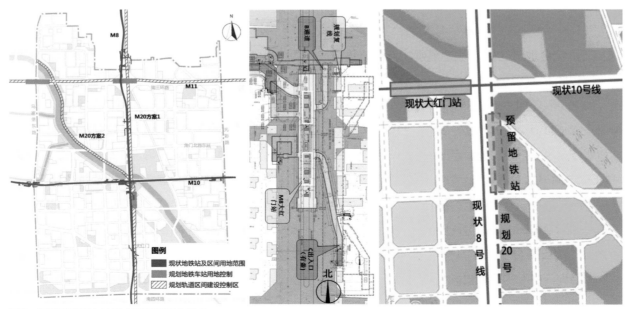

图5　规划阶段引入轨道交通工程研究思维
Fig.5　Introduction of rail transit engineering research thinking into the planning stage

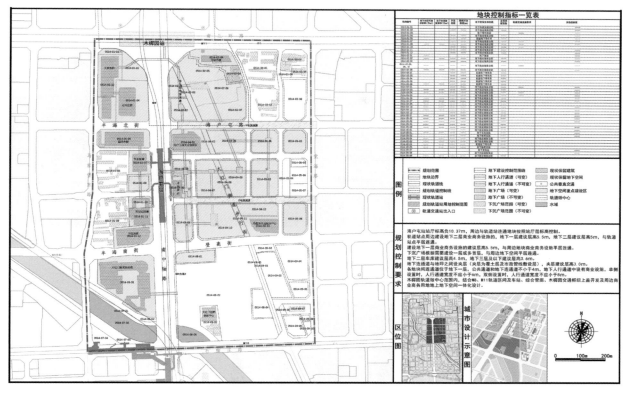

图6　地下空间管控图则示意图
Fig.6　Underground space control plan

4.2　协调地上地下提升空间品质

　　大红门地区现状地下空间主要为结建人防工程，缺少活力，功能和空间利用相对独立。规划提出协调城市地上与地下空间，合理布局交通、市政、公共服务及防灾等各类城市功能，科学组织城市交通，优化过渡转换方式，使城市地面空间向地下空间有机延伸，实现地上地下功能及建设一体化。

（1）注重公共和开敞空间，引导更新项目主动融入

　　地上与地下衔接的公共空间在不同的区域采用不同的处理手法：在商业区可通过多首层的下沉广场设计实现地面与地下一二层的互动，激活地下商业功能；在居住区通过下沉广场和社区"口袋公园"设计，给建筑增加丰富的庭院感；在公园生态区通过下沉设计提升景观多样性，同时将自然要素引入地下空间内部，提升环境品质（图7）。

　　公共空间作为人流转换节点，可以引导更新项目主动融入地下网络。规划共设置17处下沉广场，可以为建筑地下空间提供采光和通风，同时解决人流疏散和消防问题；规划沿中轴路两侧设置地下大楼梯，引导人流直接由地下二层进入建筑内部；另外，建筑中庭设计与地下空间方案结合，形成地上地下重要的交通转换节点（图8）。

（2）注重业态多样性，提升空间品质

　　大红门地区现状地下商业功能大多为鞋帽服装、窗帘布艺等低端业态，且多为分割散售模式，环境舒适度、艺术性和空间品质有待改善，目前正在腾退中。地下空间的建设应不止于传统商业功能，未来地下空间应与地面业态整合，与地铁站连通形成特色，拓展与地面完美融合的商业、文化、服务功能，实现业态多样性，保障公共空间的连续性和丰富性。规划的文化体育、商业娱

图7 开敞空间示意图（从左至右依次为：商业区、居住区、公园区）
Fig.7 Open space (from left to right: commercial area, residential area, and park area)

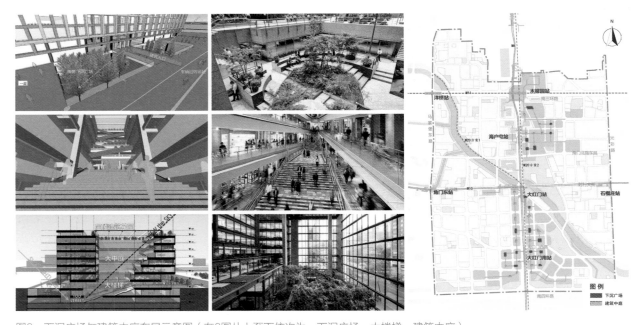

图8 下沉广场与建筑中庭布局示意图（左6图从上至下依次为：下沉广场、大楼梯、建筑中庭）
Fig.8 Sunken square and building atrium layout (from top to bottom: sunken square, stairway, and building atrium)

乐、商务办公、教育科研设施等地上地下一体化设计，充分利用地下1～地下2层空间，将地面公共服务设施向地下延伸，功能立体拓展，地下空间未来将成为大红门地区公共活动的重要场所之一（图9～图11）。

（3）合理控制地上地下空间比例

经营性的地下空间与地上空间存在竞争关系，并非越大越好，与其距离轨道车站的远近、是否有通道连接、在地下空间网络中的区位、出入口连接等都有关系。本规划对地下商业规模分区管控，地下空间商业主要开发区为紧邻地铁站地块或紧邻地铁站出入口和通道的B类用地，商业功能地下化率不小于地面建筑面积的25%。地下空间商业补充开发区为紧邻地下空间商业主要开发区的B类用地，商业功能地下化率不超过地面建筑面积的25%。地下空间商业次要开发区的B类地块根据需求利用地下空间开发商业，商业功能地下化率不超过地面建筑面积的15%。

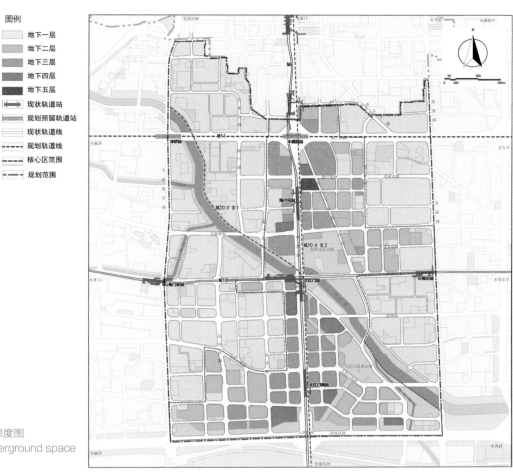

图9 地下空间利用深度图
Fig.9 Depth of underground space use

4.3 处理复杂节点设计轨道微中心

　　轨道微中心规划建设重在轨道交通站点周边用地与站点融合互动，形成便利可达、土地集约化利用程度高、具有多元城市功能、具备场所感和识别性的城市地域空间。规划提出在城市轨道站点周边以及组团核心地区复合布局城市功能，立体组织空间，实现功能高度综合、空间利用集约，激发地下空间的持续活力。

（1）合理划定轨道微中心范围

　　根据轨道车站所在区位、交通功能等级及车站周边用地资源等情况综合分析车站的一体化价值，选择其中具有较高价值的车站作为轨道微中心站点，尽量不被道路分割，本项目划定轨道微中心2处，为木樨园站微中心和大红门站微中心（图12）。木樨园站微中心为轨道M11和M8换乘站，结合周边更新用地划定地下空间一体化控制区22.05hm²。大红门站微中心为轨道M10、M8和M20三线换乘站，结合周边更新用地划定地下空间一体化控制区20.06hm²。

（2）统筹市政交通做好一体化方案

　　各类设施在木樨园站微中心高度重叠，需要三维空间的"多规合一"。现状三环割裂了城市，存在交通服务水平差、安全隐患大、公共服务品质低等问题。该区域未来承载多种功能，木樨园桥西北象限是交通枢纽，其他3个象限是商业用地；城市结构上是规划两条轴线——礼乐双轴的交叉点；地下规划有3条轨道交通线路和2条综合管廊（图12）。轨道微中心区域功能复合，竖向空间功能排布紧凑，需做好一体化设计才能保证功能完整性并做好空间预留，如分期建设很难实现顺畅衔接，比如地铁先期施工，综合管廊后期施工，至少要与地铁盾构隧道留1倍以上的安全距离。保证轨道微中心地下空间一体化施工的前提是设计方案具

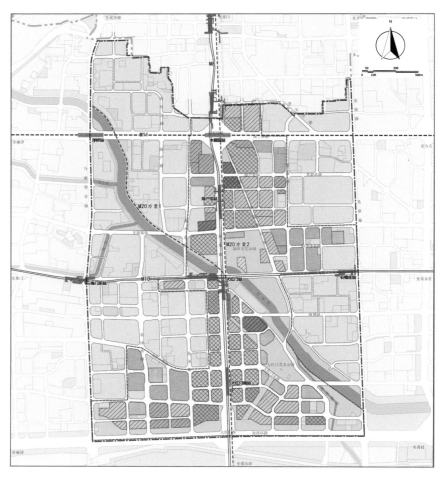

图10 地下空间利用功能图
Fig.10 Function of underground space use

图例

◨ 建设地下1层商业商务功能
▨ 建设地下2层商业商务功能
▢ 建设地下1层公共服务功能
▨ 建设地下1层停车库
▨ 建设地下2层停车库
▨ 建设地下3层停车库
▣ 现状轨道站
▬ 规划轨道站
▤ 现状轨道线
- - - 规划轨道线
-··- 核心区范围
-···- 规划范围

展示/画廊　　　　　教育　　　　　娱乐

医疗　　　　　体育　　　　　交通

大红门现状地下空间　　体验型商业　　风尚生活　　传统零售

图11 地下空间的拓展功能
Fig.11 Expanded functions of underground space

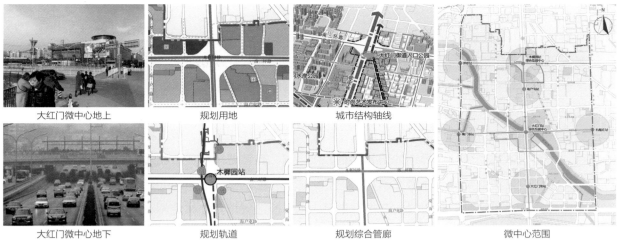

图12　大红门地区轨道微中心范围、现状及专项规划需求
Fig.12　Scope, current situation, and sectoral planning requirements of rail transit micro-center in Dahongmen Area

有可实施性，给出准确的规划条件才能解决施工时序不衔接的问题。因此，本规划考虑不同方向地下设施的竖向标高和穿越关系，在有限空间内按照明挖法施工标准工程断面进行竖向一体化整合。

规划以未来M11建设为契机改造，按照人在上、车在下的原则，同步考虑交通、市政和公共服务功能地下空间一体化开发。地下一层结合人行流线设计多功能广场，实现全方向、无障碍过街，并与周边商业用地地下空间连通，保证"御道"连续性，形成城市文化地标。地下二层、地下三层设置地铁站厅，解决与既有中轴线上轨道站换乘和南北向设施穿越的问题。地下四层东西向三环过境交通入地，与M11同步设计，南北向规划综合管廊与M20共构设计（图13）。

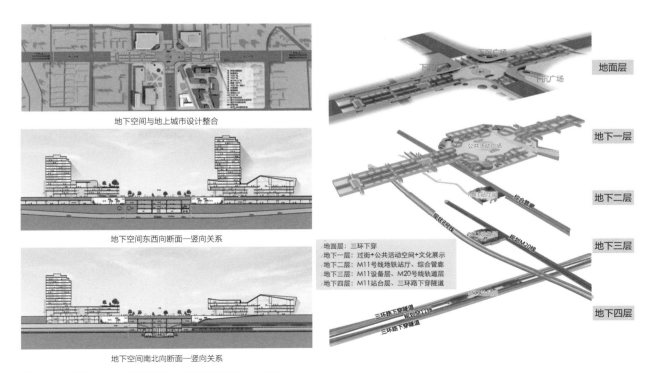

图13　木樨园站综合型轨道微中心地下空间竖向关系图
Fig.13　Vertical relationship of underground spaces of comprehensive rail transit micro-center at Muxiyuan Station

5 | 结语

地下空间是支撑城市高质量发展的重要空间场所之一，要规划利用好地下空间资源。首先，不能仅仅将地下空间作为停车库、仓储、人防等单一功能使用，应综合考虑地下空间与地上空间的关系，尤其是轨道交通站点周边的更新用地，应尽可能抓住项目更新契机与轨道交通车站建立联系，形成网络，利用轨道交通的人流提升自身用地价值，同时更新项目的设计方案也应为轨道人流带来方便、舒适的步行体验，实现双向良性互动。其次，地下空间利用不能仅就地下谈地下，应因地制宜打造上下衔接的公共空间和开敞空间，协调地上地下功能业态，体现多样性和融合性，并控制好规模。再次，对城市功能定位较高、设施高度重叠、需要在空间上进行时序安排的复杂节点，应开展一体化设计，用工程研究的思维指导规划编制。随着城市的更新和发展、城市轨道交通的建设，地下空间的利用会越来越受到重视，规划师也应注重培养立体空间利用思维，考虑地下空间整体开发和分层使用。最后，合理确定地下空间规划设计指标，纳入法定规划图则传导落实，指导下一步建筑设计方案，是确保规划实施落地的关键。

16 海口江东新区综合防灾专项规划

Sectoral Planning for Comprehensive Disaster Prevention in Jiangdong New Area, Haikou City

项目信息

项目类型：专项规划
项目地点：海南省海口市
项目规模：江东新区298km^2
完成时间：2021年12月
委托单位：海口市应急管理局

项目主要完成人员

项 目 主 管：王家卓
技术负责人：任希岩
项目负责人：邹亮
主要参加人：罗兴华　刘荆　羊娅萍　李帅杰
执 笔 人：罗兴华

项目简介

　　江东新区是海南自由贸易港的重要组成部分，规划根据江东新区未来发展需求，贯穿灾前、灾时、灾后的全过程，坚持"防、抗、避、救"相结合的方针，构建多灾种、多策略、多阶段的综合防灾体系，建设安全韧性江东，全面提升抵御灾害的综合防范能力。规划在开展江东新区灾害风险评估的基础上，针对其所面临的灾害风险特点，分别从防灾空间布局与管控、建筑工程防灾减灾、应急保障基础设施和应急服务设施建设等方面提出了规划措施与建设管理要求，并对重点地区制定了综合防灾详细规划方案。

INTRODUCTION

Jiangdong New Area is an important part of Hainan Free Trade Port. According to the future development needs of the area, this planning focuses on the whole process of before, during, and after the disaster, and adheres to the principle of "prevention, resistance, avoidance, and rescue" to build a multi-strategy and multi-stage comprehensive disaster prevention system to respond to a variety of disasters. The planning aims to build a safe and resilient Jiangdong New Area and comprehensively improve the disaster prevention and resistance ability. Based on disaster risk assessment of Jiangdong New Area, and in view of the characteristics of disaster risks, the planning proposes corresponding measures as well as construction and management requirements from three aspects: layout and control of disaster prevention space, disaster prevention and mitigation of construction projects, and construction of emergency supporting infrastructure and service facilities. Furthermore, it puts forward detailed planning schemes for the comprehensive disaster prevention in key areas.

1 | 项目背景

建设中国（海南）自由贸易试验区是党中央、国务院着眼于国际国内发展大局，深入研究、统筹考虑、科学谋划作出的重大决策，是彰显我国扩大对外开放、积极推动经济全球化决心的重大举措。2018年10月16日，国务院印发了《中国（海南）自由贸易试验区总体方案》，海南省委、省政府决定建设海口江东新区，作为建设中国（海南）自由贸易试验区的重点先行区域，以及展示中国风范、中国气派、中国形象的重要窗口。江东新区作为海南自由贸易港的重要组成部分，同时也是海口市"一江两岸，东西双港驱动，南北协调发展"的东部核心区域，"海澄文一体化"的东翼核心，未来将努力打造成为全面深化改革开放试验区的创新区、国家生态文明试验区的展示区、国际旅游消费中心的体验区以及国家重大战略服务保障区的核心区，成为区域发展新引擎。江东新区发展需坚持底线思维，加强重大风险识别和系统性风险防范，建立健全城乡安全保障体系，确保新区乃至整个海南自由贸易港安全发展，特编制本规划。

2 | 规划思路

规划根据江东新区未来发展需求，贯穿灾前、灾时、灾后的全过程，坚持"防、抗、避、救"相结合的方针，构建多灾种、多策略、多阶段的综合防灾体系，建设安全韧性江东，全面提升抵御灾害的综合防范能力。

在对规划区开展灾害识别与风险评估的基础上，规划构建了江东新区综合防灾体系。灾害风险评估包含危险性、易损性和抗灾能力三方面要素，本规划以降低灾害危险性、减少承灾体易损性和提高城乡整体抗灾能力为目标，分3条主线构筑江东新区综合防灾体系（图1）。

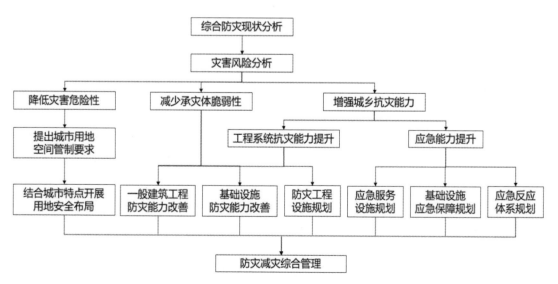

图1　规划技术路线图
Fig.1　Planning technical roadmap

变革与创新　中规院（北京）规划设计有限公司
优秀规划设计作品集Ⅲ

（1）降低灾害危险性

灾害危险性的降低主要通过城市空间安全布局实现。根据灾害风险分析的成果提出城市用地的空间管制要求，并进一步结合城市发展特点，从安全角度对用地的功能布局和建设控制提出要求。

（2）减少承灾体易损性

城市是一个复合的超大承灾体，由很多小的承灾个体或子系统组成，其中最主要的是人与工程系统。工程系统包括各类建筑物及交通、给水排水、能源、通信等基础设施系统，建筑物是人类活动的主要场所，而基础设施为人类活动提供服务保障。增强工程系统的防灾能力可有效减少灾害发生后的人员伤亡和财产损失，因此，承灾体易损性的减少主要通过改善城市建筑与基础设施防灾抗灾能力来实现。

（3）提高城乡整体抗灾能力

抗灾能力包括两个方面：一是城市工程系统自身抵御灾害的能力，与其脆弱性此消彼长。城市工程系统除了一般建筑物和基础设施系统外，还包括防洪防潮堤、截洪沟等防灾工程设施。二是应急能力，包括临灾时期的应急反应、应急保障和应急服务能力。应急反应包括应急管理的体制机制、应急预案体系；应急保障主要针对交通、给水排水、能源、通信等维持城市运转的基础设施系统，提出在灾害发生后维持城市基本功能运转而需要的保障要求；应急服务包括应急避难、医疗急救、消防救援和应急物资供应等方面，需根据可能发生的灾害情境合理配置应急服务资源，并制定应急服务保障方案。

3 | 规划主要内容

3.1 全面系统开展灾害识别与风险评估，明确灾害风险空间分布及其影响程度

江东新区面临的主要灾害包括地震、洪涝（风暴潮）、台风、重大危险源事故、城市火灾、森林火灾、战争、雷电及地质灾害等。其中，对江东新区发展具有全局性影响的灾害为地震和洪涝（风暴潮）灾害。灾害高风险区主要分布于地震活动断裂带、砂土液化及软土震陷等不良地质场地以及洪涝和风暴潮高易发区等区域（图2），对城乡用地安全布局具有较大影响，应加强用地安全管控。此外，江东新区现有防灾减灾救灾体系尚不完善，亟待构建与之发展相适应的综合防灾体系。

3.2 坚持安全底线思维，从规划源头减轻灾害风险

用地防灾安全选址与布局是保障城市安全的首要前提，本规划坚持安全底线思维，从规划源头管控用地防灾安全布局，基于前述江东新区所处场地灾害风险的空间分布与影响程度特点，将江东新区规划区场地防灾适宜性划分为适宜区、较适宜区和不适宜区3类（图3），指导城市规划防灾安全用地布局，从源头减轻灾害风险。

（1）规划主动适应的防灾安全管控空间

通过用地防灾安全适宜性划分和制定相应的管控措施，在城市空间布局和选址上主动避开不适宜区域或采取工程措施，从源头上减轻灾害风险影响。

适宜区：风暴潮和洪涝灾害低易发区或不易发区，除存在弱膨胀土外，无其他不良地质问题，工程地质条件较好，适宜各类工程建设。

较适宜区：风暴潮和洪涝灾害高易发区，软弱土发育，地震时可能发生严重砂土液化和软土震陷区域，工程建设需采取相应工程治理措施消除其不利影响。

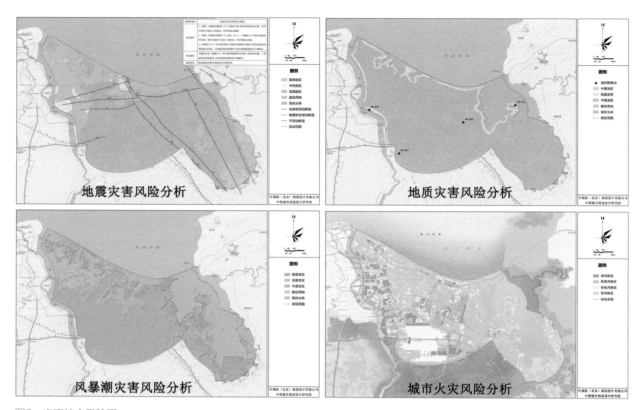

图2　灾害综合风险图

Fig.2　Comprehensive disaster risk analysis

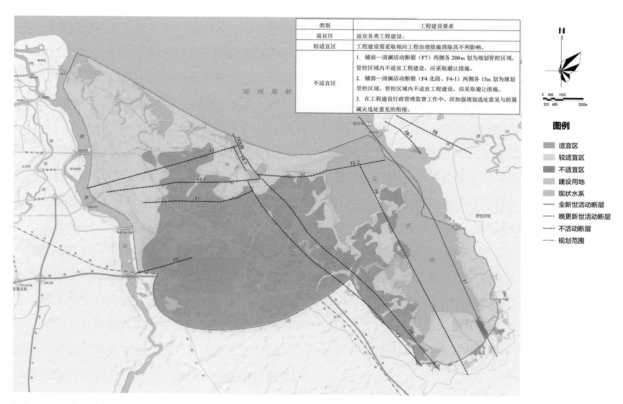

图3　用地空间管制图

Fig.3　Land use space control

不适宜区：场地存在发震断裂，地震时可能引发地表破裂导致建设工程破坏，工程建设须采取避让措施。

（2）建设区域内外协调的洪涝灾害防御体系

构建安全韧性洪涝（风暴潮）灾害防御体系，在区域外部依托南渡江流域防洪体系和海堤构成江东新区外围防洪圈，构建"上调下防、库堤结合、外御洪潮"的防洪潮体系。按照南渡江"上蓄、中调、下排"的防洪方针，南渡江上游充分利用松涛水库自然蓄洪，中游新建迈湾水库，与区间错峰调洪，下游以河道堤防为基础，有效控制南渡江洪水对江东新区的影响；通过建设海堤、防潮闸和缓冲带保障江东新区防潮安全。在区域内部构建完善的滞蓄排体系保障西部产城融合区的排涝安全，建设河道堤防及内部泵站等保障东部生态功能区的防洪防涝安全，通过"防管控"结合的防洪防涝综合体系建设降低洪涝风险和灾害损失。

（3）构建具有多中心防灾救灾机能的独立空间结构单元

规划形成具有多中心防灾救灾机能的独立空间结构单元，实现分级建设与管理。根据江东新区灾害空间分布、河流水系、主次干路和组团单元划分等特点，将江东新区划分为4个一级防灾分区和9个二级防灾分区（图4），实现各防灾分区之间能够有效阻止灾害蔓延，并针对各防灾分区灾害风险特点制定相应防灾策略。

3.3 加强建筑工程防灾安全

一般建筑工程是城乡抗灾的主体，也是在灾害中导致人员伤亡的最直接因素。因此，提高一般建筑工程抗灾能力对提高城乡总体抗灾能力具有重大意义。规划从新建建筑和既有建筑安全两方面提出建筑工程防灾安全措施与要求。

对新建建筑，从建筑防火、抗震、防雷、防风等方面提出设防要求；对既有建筑，通过既有建筑

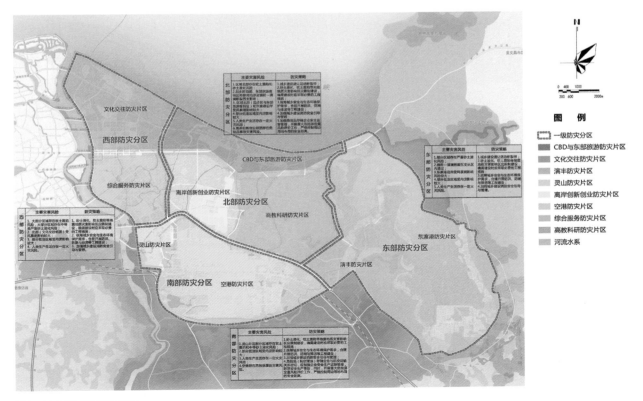

图4　综合防灾分区布局图
Fig.4　Comprehensive disaster prevention zoning

结构类型及其现状质量情况排查，摸清城市建筑薄弱片区，并结合城市发展需求，提出既有建筑加固改造要求。在此基础上，提出建立江东新区房屋建筑安全信息管理平台，研究制定新建、改建、扩建和拆除建筑的审批与管理平台的更新信息衔接机制，实现动态更新管理，提升建筑工程全生命周期的安全风险监管能力。

3.4 构建有效抵抗和安全可靠的应急保障基础设施系统

从城市基础设施的防灾体系架构与布局、应急功能保障和组织管理等方面提高城市基础设施系统的防灾抗灾能力，是现代城市综合防灾的重要环节。规划按平时和灾时两种应用情景进行统筹规划布置，对交通、供电、供水、通信等系统开展地震和沿海风暴潮灾害情景下的安全韧性评估，找出各自系统防灾薄弱环节，分别从点、线、面3个方面

加强其防灾能力，使系统实现"中灾正常、大灾可控、巨灾可救"的目标，具有较强的韧性，以适应防灾减灾的要求。

（1）交通系统

构建江东新区交通综合防灾水、陆、空立体化救援疏散通道体系，重点加强其在地震、台风、洪涝（风暴潮）灾害影响下的救援疏散安全韧性能力（图5）。

（2）供水系统

构建江东新区供水系统综合防灾骨架和供水应急保障体系，提升新区供水系统安全韧性适应能力和快速恢复响应能力。

（3）供电系统

构建江东新区供电系统防灾骨架，充分考虑电网抵御台风和地震等极端自然灾害的能力要求，形成大电网联络支撑和抗灾保障电源分层分区运行的坚强电网，提高电力系统抗灾能力。

图5　交通系统综合防灾及应急保障设施布局规划图
Fig.5　Planning for the layout of comprehensive disaster prevention and emergency supporting facilities of the transportation system

（4）通信系统

整合江东新区公安、消防、地震、防汛、防风、防旱、市政和气象等应急指挥专用通信平台，协调共享应急通信专线和数据通道等资源。城市应急指挥和通信设施应满足各类指挥中心的应急通信要求，并应与上级应急指挥系统保持互联互通。

3.5 完善平灾结合和高效响应的应急服务设施体系

结合城市防灾需求分布特点，完善包括城市应急避难、医疗卫生救援、应急指挥、物资储配和消防救援等在内的应急救援服务设施体系。该体系针对城市面临的地震、洪涝（风暴潮）、火灾等主要灾害分布特点，结合防灾分区和人口分布特点，按照平灾结合的原则分级分类规划设置。

（1）应急避难

综合江东新区在地震、台风、洪涝和风暴潮等主要灾害情境下的避难和救援需求，构建中心避难场所、固定避难场所和紧急避难场所3级应急避难空间体系，规划3处中心避难场所，分别服务南部、西部和北部防灾分区，按人均有效避难面积3m²设置。中心避难场所除满足固定避难场所的要求外，还应满足设置防灾指挥机构、情报设施、抢险救灾部队营地、直升机场、医疗急救中心和重伤员转运中心等设施的空间需要，同时兼作突发公共卫生事件时方舱医院使用。规划固定避难场所20处（其中3处中心避难场所兼作固定避难场所），按服务半径按不超过2km、人均有效避难面积3m²的标准设置。固定避难场所根据周边城镇和村庄人口布局划定责任区范围，用于灾时责任区范围内无家可归人员的固定避难安置，同时可兼作紧急避难场所使用。其中，学校类避难场所应考虑其内部灾时复课与避难的组织管理设计。紧急避难场所服务半径不超过500m，人均有效避难面积按室外紧急避难场所不低于1m²、室内紧急避难场所不低于

0.5m²设置。其中，机场组团仅考虑流动人口的临时避难需求，利用机场候机楼和交通中心规划建设满足10万人需求的室内紧急避难场所，并做好灾时疏散转移安置计划；其余组团利用公园绿地、广场、文体场馆和学校操场等规划紧急避难场所，与固定避难场所和中心避难场所共同满足85万人紧急避难需求。

（2）医疗卫生救援

以综合医院为基础建设江东新区应急保障医院。应急保障医院应配建不低于1000m²的开敞空间，并做好应急供电和供水等基础设施配套建设，作为灾后或重大疫情期间快速搭建临时医院的备用场地。结合中心和固定避难场所建设临时医疗卫生场所。

（3）应急指挥

结合行政中心规划建设江东新区应急指挥中心，配套建设应急指挥平台，并作为海口市城市应急指挥中心的备份。

（4）物资救援

建设固定和临时应急救灾物资储配相结合的应急救灾物资储配体系。在空港组团按县级标准建设救灾物资储备库1处，面积630~800m²。设立3处临时救灾援助物资调配站，从海口主城区进入的物资结合西部中心避难场所布置；从文昌进入的物资结合北部中心避难场所布置；通过航空运输的物资结合南部中心避难场所布置。临时救灾物资调配站负责接收分配省市调拨和外地援助的救灾物资，救灾物资进入调配站经验收后，根据救灾需求分发到需要的地点。

（5）消防救援

构建江东新区安全高效、立体多元、智慧协同的公共消防安全体系和综合应急救援队伍，形成特勤消防站、海陆空消防救援站、普通消防站、机场专用消防站、企事业专职队和村镇消防队组成的多级多类消防队站体系。

3.6 构建全过程应急管理体系

以建成统一领导、权责一致、权威高效的应急管理体系为目标，构建形成"统一指挥、专常兼备、反应灵敏、上下联动"的应急管理体制，包括根据城市政府机构组织特点提出建立城市安全联动机构的建议，强化相关地区、研究机构支持，企事业单位与相关部门参与，完善城市综合防灾管理体系。

针对防灾减灾工作从工程防御转向风险管理的大趋势，规划提出了灾害风险的动态监控和评估机制，确保城市发展适应灾害风险的动态变化和城市安全的全过程管理需要。

根据灾害应急工作的特点，规划在应急预案体系建设方面提出的建议包括：坚持差异化原则构建应急预案体系，加强科学定位，以适应不同地方与部门应急管理工作的特色需要；树立科学的基于风险评估的应急预案编制理念，健全以情景构建为主线的应急预案流程管理；完善以应急演练检验为重点的应急预案优化机制；提高以个性化服务为特征的应急预案数字化水平。

4 | 结语

本项目以灾害风险评估为基础，系统辨识江东新区可能面临的灾害风险及其存在的防灾问题，并通过安全的城市用地布局和合理的资源调配优化，系统提升城市有效抵抗、高效响应和快速恢复的安全韧性能力，其中地震活动断裂带、防潮缓冲带等防灾安全管控内容已在新区总体规划和控规用地布局中得到了落实，从规划源头上减轻了灾害风险。

17 济宁市健康安全城市建设规划
Sectoral Planning for Healthy and Safe City Construction of Jining

▌ 项目信息

项目类型：专项规划

项目地点：山东省济宁市

项目规模：1.1万km²

完成时间：2021年11月

委托单位：济宁市自然资源和规划局

合作单位：济宁市规划设计研究院

项目主要完成人员

项 目 主 管：王家卓

技术负责人：任希岩

项目负责人：李帅杰

主要参加人：邹亮　沈哲焱　陈志芬　羊娅萍　卢方欣　顾媛媛

李文文　郭静　雷大林　张鹤鸣　于沛洋　赵越　罗佳

吴凡

执　笔　人：沈哲焱

▌ 项目简介

作为著名的"孔孟之乡、运河之都"和煤炭资源大市，济宁市也是区域人口、经济集中的大城市。现阶段，城市面临着复杂多样的健康与安全问题，济宁市希望通过本项目对城市健康安全发展的问题开展研究，并构建系统性的解决方案。本项目以城市健康安全风险评估为基础，以健康与安全的城市环境、设施与服务为目标，将韧性城市理念应用于包括城市空间利用、环境提升、基础设施建设、应急响应及灾后恢复等在内的城市规划、建设和运行管理全过程，根据风险点的治理需求设置规划目标、规划策略和应对措施，构建系统完善和功能强韧的城市健康安全体系，保障城市的安全运行和居民的健康生活。

▌ INTRODUCTION

Known as "the hometown of Confucius and Mencius, the capital of the Grand Canal", and famous for its rich coal resources, Jining City is also a big city with concentrated regional population and economic development. At present, the city faces complex and diverse health and safety problems. The municipal government of Jining hopes that through this project, the issue of healthy and safe development of the city can be studied and systematic solutions can be worked out at the same time when territorial development planning is compiled. On the basis of urban health and safety risk assessment, this planning aims to provide a healthy and safe urban environment, facilities, and services. It applies the concept of resilience to the whole process of urban planning, construction, operation, and management, including urban space utilization, environmental improvement, infrastructure construction, emergency response, post-disaster recovery, etc., and proposes planning objectives, strategies, and measures according to the governance needs of risk points. In such a way, a healthy and safe city system with complete and resilient functions is built to ensure the safe operation of the city and the healthy life of the residents.

1 | 项目背景

2017年10月，习近平总书记在党的十九大报告中将"健康中国"上升至国家战略高度，对包括完善国民健康政策、深化医药卫生体制改革、加强基层医疗卫生服务体系和全科医生队伍建设、健全药品供应保障制度、加快老龄事业和产业发展等在内的健康事业发展作了全面部署。2018年1月，中共中央办公厅、国务院办公厅印发《关于推进城市安全发展的意见》，分别从加强城市安全源头治理、健全城市安全防控机制、提升城市安全监管效能、强化城市安全保障能力等方面对推进城市安全发展提出了工作要求。2020年4月，习近平总书记在中央财经委员会第七次会议上的讲话中提出了"要更好推进以人为核心的城镇化，使城市更安全、更宜居，成为人民群众高品质生活的空间"。

随着城市化发展，居民健康安全已不再是单个行业、单个领域、单个管理机构的任务或发展目标，应是融合了环境、生产、生活、行为习惯、医疗卫生、安全保障、救援队伍等方方面面的系统化目标体系。总结起来，可归结为安全需求、生态需求和生活需求这3个类别的城市保障系统。济宁市是著名的"孔孟之乡、运河之都"和煤炭资源大市，也是区域人口、经济集中的大城市，本规划以国土空间规划为依据，分为市域和中心城区两个层次，市域总面积约1.1万km^2，重点研究区为中心城区范围，总面积约950km^2，以"健康与安全的城市环境、设施与服务"为目标，全面提升济宁市健康安全水平。

2 | 规划思路

以风险与要求定目标。对城市的健康安全水平开展定性和定量评估，基于评估结果识别济宁市健康安全系统现状存在的问题，包括设施数量、服务结构、防疫能力等，同时结合国家和山东省近远期的发展要求，科学确定济宁市健康安全城市发展目标。

以指标与设施定策略。构建适宜于济宁市健康安全目标细化落地、能够与空间规划互联互馈的城市健康安全指标体系，分别从健康安全环境、健康安全设施、健康安全服务这3个方面有针对性地提出健康安全城市建设策略。

营造健康安全环境。以建设宜居韧性的城市人居环境为核心，关注生态环境及城市空间布局，作为保障济宁市健康安全发展的基础。对影响城市安全的灾害因素和影响人体健康的环境因素开展本底调查与分析，通过改善城市安全条件和生态环境格局，支撑城市健康安全发展。

完善健康安全设施。建设强韧的设施网络体系，完善医疗卫生服务、养老服务、全民健身及基础设施等设施体系，推进老旧小区改造与公共服务设施建设。优化设施空间覆盖能力和可达性。对于公共服务设施，注重设施"平灾"和"平疫"服务功能转换，提升设施利用效率。

保障健康安全服务。结合健康安全城市的总体目标，统筹健康安全设施服务功能定位，确定健康服务发展方向和建设任务。以提高居民生活的健康安全水平作为评价的核心目标，从公共服务能力、应急处置及灾后（疫后）恢复等多个方面，进行服务的改进提升（图1）。

变革与创新　中规院（北京）规划设计有限公司　优秀规划设计作品集Ⅲ

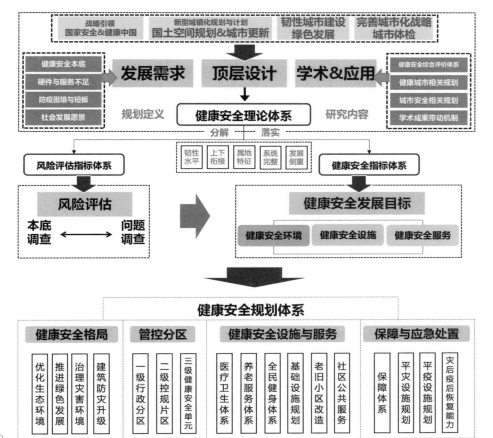

图1 技术路线图
Fig.1 Technical roadmap

3 | 规划主要内容

3.1 城市健康安全问题与风险评估

规划探索构建一套能够针对济宁市自然与社会风险的科学、简明且便于持续开展的评估方法，形成对整个城市和各功能区健康安全建设现状评估及建设引导的量化工具。参考城市体检等工作的评估方式，针对济宁市城市发展特征，本规划综合历史数据比较法、规划目标比较法、对标城市比较法以及标准规范比较法4类指标评估方法，划分A、B、C、D 4类指标风险等级，依据约束值、目标值与对标城市进行综合研判，建立城市健康安全风险评估方法。该方法针对自然灾害危险性、自然与社会环境易损性、保障与服务能力3类评估要素，提出10类共28项评价指标。采用以上方法对济宁

市开展评估，评估结果中有4项指标属于A类无风险，7项指标属于B类低风险，9项指标属于C类一般风险，1项指标属于D类高风险（图2，红色为C、D级指标）。评估结果明晰了济宁市现状健康安全问题，为制定规划方案提供了有效的指引。

3.2 健康安全环境营造

（1）生态环境修复与功能提升

深化大气污染综合治理，减少污染物排放，使$PM_{2.5}$和PM_{10}浓度持续下降，优良天气天数持续增加，重污染天气持续减少，形成绿色发展大格局。利用微山湖冷源和夏季盛行南风的有利条件，依托河流、绿地、农田等自然空间，规划3个生态绿

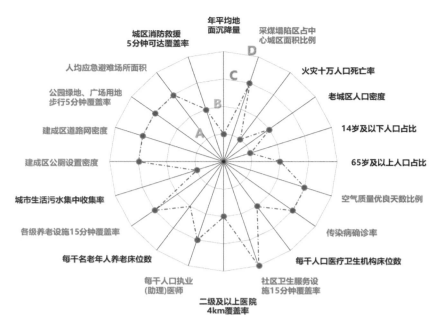

图2 城市健康安全评估部分结果展示图
Fig.2 Results of urban health and safety assessment (part)

楔、12个生态冷源、1个生态环、4条一级通风廊道和3条二级通风廊道；通过生态林带和水系廊道的生态廊道构建，整个市域形成"一屏两环七廊多片"的生态廊道结构（表1、表2）。同时进行工业尾气污染治理，科学谋划碳达峰碳中和行动，大力发展智慧工地，加快推进绿色建造。

（2）高风险环境治理

济宁市是采煤大市，也带来了采煤塌陷问题。截至2020年底，全市累计塌陷土地52311.17hm²，占全省塌陷地总量的50%以上，治理任务重。采煤塌陷区的综合治理遵循全域统筹、区域协同、差异模式的理念，通过优化国土空间开发和保护

规划生态林带管控要求　　　　　　　　　　　　表1

Management and control requirements for planned ecological forest belt　　　Tab.1

类型	两侧宽度控制	建设方式	作用
连通性防护林带	50m左右	主要依托日兰高速、G327—G342—S244道路建设	依托交通干线建设，重点增强东部山区分散生态源及平原生态源之间的横向流通
环南四湖林带	≥200m	结合周边村庄绿化、滨水湿地建设以及县道两侧构建防护林	对外界干扰和污染起到缓冲防护作用

规划水系廊道管控要求　　　　　　　　　　　　表2

Management and control requirements for planned water system and corridor　　　Tab.2

等级		主要廊道	两侧林带宽度（m）	管控要求
沿河廊道	一级廊道	京杭运河、洸府河、泗河、白马河、洙赵新河、老万福河、东鱼河	≥100	市区：清退建设用地，通过城市滨水公园的建设恢复河岸自然属性和河岸绿化；郊野地区：充分利用现有林地斑块，并依托堤顶绿化、堤岸生态化改造，保证生态廊道的连贯性；其中京杭运河管控还应满足《大运河山东段核心监控区国土空间管控导则（试行）》要求
	二级廊道	除一级河道外的河道	≥50	
	城市段河道蓝线	—	≥30	
	环南四湖	—	≥200（湖西）	
			≥100（湖东）	

格局，制定塌陷空间综合发展战略，实施差异化治理策略和修复措施，采用建设开发、农业治理和生态治理等多种模式进行采煤塌陷区的综合治理。

此外，济宁市拥有大量高层、超高层建筑，高层居住区用地面积占比高达17.5%，高层建筑致灾因素多样、事故后果严重，一直都是消防单位的重点检查管理场所，对高层建筑进行严格管控也是济宁市治理高风险环境的重要部分。将济宁市中心城区内建筑高度进行分区划定，强化既有高层建筑安全管理，划定三类分区。管控高层二类区与高层一类区比例不大于1.5∶8.5。严格管控超高层建筑，适度发展一类区建设。结合现状建筑、城市空间格局、功能布局统筹谋划高层和超高层建筑建设，相对集中布局；控制在老城旧城开发强度较高、人口密集、交通拥堵地段新建高层二类区建筑；不在对历史文化街区、世界文化遗产及重要文物保护单位有影响的区域新建高层建筑（图3）。

3.3 健康安全设施与服务提升

（1）构建功能强韧的健康安全设施与服务网络体系

针对医疗卫生、养老服务、全民健身与城市基础设施等济宁市需要重点关注的几个领域，规划在城市层面提出构建相应的设施与服务体系，推进该领域多层次、多类型的发展。

①构建集全科医疗、服务均等、软硬件冗余、空间均衡、结构互补、产学研系统于一体的健全的医疗卫生服务体系（图4）。一方面，构建"常时—突发事件时"的韧性网络体系，满足全状态情境下医疗急救需求；另一方面，构建"区域级—城市内部"的韧性网络体系，提供全尺度情境下的医疗卫生服务，与省内其他城市协同建设应急救援区域中心，统筹"市—区—基层"医疗资源平衡全面发展，提升基层医疗卫生机构覆盖能力，推进均等医疗体系发展，尽快补齐基层医疗卫生空白区域和设施缺口，完善各级医院衔接配套和功能互补的综合服务体系。

图例
■ 建筑高度限制区
（超高层区）
100m及以上

建筑高度控制区
（高层二类区）
18~26层
（100m以下）

□ 建筑高度鼓励区
（高层一类区）
18层以下

图3 济宁市中心城区规划建筑高度分区图
Fig.3 Building height zoning in the planning of Jining central urban area

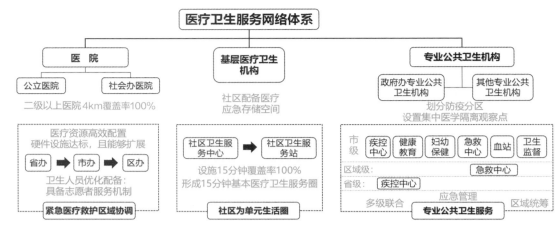

图4 医疗卫生服务硬件设施韧性
Fig.4 Resilience of medical and health service facilities

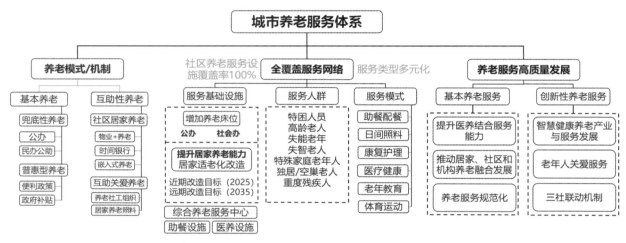

图5 城市养老服务硬件设施韧性
Fig.5 Resilience of urban elderly-care service facilities

②探索基本养老和互助性养老等养老模式与机制，构建完善的城市养老服务体系（图5）。以"9064"养老格局（老年人90%由家庭自我照顾，6%享受到社区居家养老服务，4%享受机构养老）为目标构建全覆盖的服务网络。利用公办、民办、公办民营等多类养老机构，社区日间照料中心、农村幸福院等社区养老服务设施，以及社区居家服务中心为代表的社区居家服务等多样化的服务基础设施为各类服务对象提供多元化的养老服务，并不断创新探索，保障养老服务高质量发展。

③推行全民健身发展，构建空间均衡、设施完善、全面覆盖的全民健身设施与服务体系，形成

"点—线—面"均衡布局的网络状健身空间与设施系统，构建"城市道路绿化步道+区域滨水岸线步道"的健身步道系统，衔接点状健身空间与线状健身步道，形成15分钟生活圈全覆盖（表3）。

④对城市基础设施进行补漏升级。污水处理厂通过分散设置来减少远距离管道输送情况，远期规划城市污水处理厂14座。在2021~2022年对城区内158条主次干路和小街巷进行雨污分流改造，远期100%实现雨污分流。对城市生活垃圾和医疗垃圾进行无害化处理，规划对转运站、焚烧厂预留一定的保障系数，既能满足使用需求，又具备一定应对冲击的能力。加强济北新区、太白湖新区东

健身空间建设要求表   表3

Requirements for fitness space construction   Tab.3

分类	规划要求	主要措施	保障要求
公园广场活动空间	重点在社区公园、带状公园、街旁绿地、居住区集中绿地、各级广场上进行康体休闲设施的配套，体育设施面积占比不宜小于10%	①加强体育设施规划与绿色空间和广场的结合，在不同尺度的绿色空间融入适宜的健身场所，并创新实施与运营机制；②针对不同级别不同类型的公园和广场空间，设置便利、舒适、人性化的体育活动设施	①出标准；②定办法；③加强公园广场活动空间与体育设施场地的运维管理
体育场地	按市级—区级—居住区—社区级4级进行体育设施用地规划，人均体育场地面积达到1.2m²	①落实济宁市中心城区公共体育设施布局专项规划；②在市级—区级—居住区—社区级4级建设数量足够、分布合理、配置达标、种类丰富的各级各类公共体育场地；③市级大型体育场馆连接城市主干道路，区级、市级体育场所接入健身步道	

侧、兖州新区、兴隆文化园等区域公厕的建设，对老城区中现有公厕进行分阶段提升改造，鼓励沿街单位开放私有厕所，结合用地同步更新公厕建设，新城区内公厕与城市建设同步推进。

（2）细化社区级健康安全设施与服务网络体系

城镇化战略的提出要为人民群众提供高品质的生活空间。济宁市老旧小区中生活着大量居民，2020年《济宁市支持城镇老旧小区改造十条措施》的发布也推动着城市加快对老旧小区的改造。老旧小区改造内容主要包括排水能力提升、源头雨污分流改造、内涝点治理、海绵城市建设、停车位增加、交通便捷性提升、适老化改造等方面（表4）。推进公共服务设施建设与改造，主要包括社区养老设施、社区卫生服务设施、社区体育设施三大方面。2025年基本补齐短板，实现100%街道覆盖，2035年实现高质量建设与管理，面积达标、功能齐全。

老旧小区改造计划表   表4

Renovation schedule of old residential areas   Tab.4

改造工程	改造目标		影响因素	建设内容	备注
	2025年	2035年			
排水能力提升	—	100%提升为重现期2年	建设时序、居民意愿	管道提标	—
源头雨污分流改造	宅前合流制管道改为污水管道，另建雨水管道或雨水排水暗沟	根据地势布置雨水管道，就近排入河道、水体、湿地	居民意愿	合流制管网改造、雨污水混接改造	随海绵建设推进
内涝点治理	严重影响生活秩序的易涝积水点100%消除	新增点及时消除	建设时序	竖向调整、蓄滞措施、强排措施	—
海绵城市建设	25%以上达到要求	80%以上达到要求	生态空间比例	源头设施	实在有困难的，利用周边集中公园绿地调蓄增加径流量
停车位增加	85%实现＞0.8车位/户	＞0.8车位/户	居民意愿	停车场、停车位	—
交通便捷性提升	道路间距＜400m	道路间距＜200m	建设时序、居住区形态	小街区密路网	—
适老化改造	100%覆盖社区公共建筑和有65岁以上老年人居住的住宅楼	覆盖所有住宅	建设时序、资金	坡道、楼梯扶手、电梯	—

3.4 应急处置体系建设

（1）防疫设施规划建设

面对全球化背景下重大传染病频发的情况，城市考虑从"平时—疫时"（以下简称"平疫"）结合的医疗救治体系、监测预警设施、物资储备分发、临时隔离设施和社区疫情应对5个方面进行防疫设施体系的建设。

建立分级、分类、分流的重大疫情救治体系，医疗救治体系的"平疫结合"主要通过多类场所转化与服务提供。城市公共卫生临床中心为市郊新建设的济宁市公共卫生医疗中心。对济宁市第一人民医院和济宁医学院附属医院两家新增救治定点医院进行改造。有条件的医院应进行"平疫转换"设计，新建综合医院进行"平疫结合"设计，疫时能够转化为标准病区。

建设协同综合、灵敏可靠的公共卫生监测预警体系，以应对新发突发传染病、不明原因疾病为重点，完善发热门诊监测哨点规划布局和公共卫生疫情直报系统。在机场、火车站、长途客车站、学校等重点场所完善监测哨点的规划布局。强化社区卫生服务中心（乡镇卫生院）疫情防控基层哨点的职能。

以省级政府应急物资储备为核心，以市、县（市、区）两级政府储备为支撑，济宁市内构建市级—区县级—社区级3级防疫物资储备库，其中社区级作为末端分发点，社区级防疫物资储备库每2~3万人至少设置1处应急物资投放点。

各区规划1~2处远离人员密集区的留白用地，在疫情期间能迅速建设成为传染病患者的临时观察、治疗场所。

在社区疫情应对方面，社区（防疫单元）应配备社区卫生服务中心、应急物资投放点、物资储备库、防疫监测点、基层治理点等，并保留临时设施预留用地。

（2）防灾设施规划建设

在应对可能的灾害风险时，做好救灾物资储备、建设应急避难场所、加强生命线系统建设、提升消防救援能力等，是济宁市防灾设施规划的重点内容。

构建"市—区—街道"三级救灾物资储备库。保留现状市级救灾物资储备中心；规划任城区、兖州区、经开区、高新区以及太白湖新区的区级救灾物资保障中心，结合各区政府及管委会设置；街道级救灾物资储备库结合避难疏散场所设置；市级、区级避难疏散场所的应急物资储备设置在场地内或场地周边。

近期应优先完善现状用地人口集聚片区的应急避难场所建设，增设中长期应急避难场所。远期，逐渐实现中心城区范围应急避难场所全覆盖。其中近期优先完善片区，即现状人口、用地集聚但尚未配置应急避难场所的片区，该类型应是"十四五"期间重点完善的片区；近期完善片区即现状应急避难场所的避难服务范围未达到区域全覆盖的片区；现状提升片区即现状避难场所配置级别较低，需提高现状应急避难场所配置级别的片区；远期完善片区即到规划期末，应达到应急避难场所避难服务范围全覆盖的片区；现状保留片区即现状应急避难场所配置已满足避难需求的片区。

加强生命线系统建设。加强老城区道路的改造力度，保证灾后道路的有效宽度不少于4米。重点对中心城区建设年代较久的桥梁进行安全性能鉴定。完善中心城区应急供水系统，提高供水保证程度。合理布局应急供电系统，提高供电系统的抗灾救灾效率。重点加强广电中心局、邮政中心局、移动、联通、电信等通信公司中心局和重要机房等通信设施的防护力度。

将人口相对密集区作为消防站近期重点建设区，尽快填补其中消防站5分钟覆盖率空白区域，远期实现中心城区消防站5分钟全覆盖。现状保留区是现状消防设施满足消防5分钟响应要求的片区，主要是济宁市现状12座消防站所在单元；近期完善区是现状人口、用地集聚，但不满足消防

变革与创新　优秀规划设计作品集Ⅲ　中规院（北京）规划设计有限公司

5分钟响应要求的片区,近期应尽快完善消防设施布点;远期完善区为通过消防设施规划建设,远期可满足消防5分钟响应要求的片区。

(3)恢复重建能力建设

建设包括恢复救援保障、住房恢复、基础设施系统恢复、卫生和社会公共服务恢复、社区功能恢复、经济恢复以及其他功能恢复等内容在内的灾后/疫后恢复重建体系。组织保障体系和各类主体功能恢复体系均分为短期、中期和长期3个时间维度,制定阶段工作目标,开展包括救援组织、恢复机制、影响评估、恢复计划、长效推进等在内的发展规划部署和综合理念更新研究(图6)。

	恢复救援保障	**住房恢复**	**基础设施系统恢复**	**卫生和社会公共服务恢复**	**社区功能恢复**	**经济恢复**	**其他功能恢复**
短期	应急救援组织 临时救援队伍 居民自救	收容救治需求分析 临时住房 物资设备配套	灾害影响评估 重要设施基本服务功能 社区功能保障	灾后/疫后卫生/社会服务需求评估 恢复计划 紧急救治功能	工作机制与组织架构 灾后/疫后统计分析 居民意愿调查	灾后/疫后经济问题初评 抑制因素分析	问题需求 组织架构 紧急功能恢复
中期	长期救援/恢复组织 多元救援机制 政策保障	住房保障需求 灾后/疫后恢复规划 建设计划	基础设施系统修复 灾后/疫后恢复规划 建设计划	公共卫生体系恢复 社会公共服务体系恢复 恢复保障系统	社区发展目标 灾后/疫后恢复规划 发展实施计划	恢复约束分析 经济振兴计划 抑制因素疏解对策	规划依据 恢复规划 建设/实施计划
长期	基层推进组织 规范化推进机制 韧性管理	韧性理念融入 多元发展模式 韧性管理机制	韧性目标 规划建设 韧性管理机制	韧性目标 规划建设 韧性管理机制	韧性理念融入 多元发展模式 韧性长效管理机制	韧性发展目标 多元发展模式 韧性管理机制	韧性理念融入 社会参与方式 管理机制

图6 济宁市灾后/疫后恢复重建规划体系框架图
Fig.6 Planning system framework for post-disaster/epidemic recovery and reconstruction of Jining

4 | 体会

本项目非传统城乡规划体系中的专项规划,是应对城市面临诸多健康与安全问题而设立的全新项目类型。项目组开展了大量城市健康和安全领域的交叉研究,分别从战略引领、新型城镇化规划与设计、韧性城市建设、绿色发展、完善城市化战略以及城市体检等众多方面,提炼我国当前对城市安全和居民健康的政策指引、顶层设计要求和学术成果,总结形成健康安全理论体系。通过健康安全城市风险评估来明晰济宁市重点问题,构建健康安全发展目标及指标体系,明确建设方向,引导济宁市健康安全重要领域在多层级上的提升与发展。通过营造城市健康安全环境、构建城市与社区层面的健康安全设施与服务网络体系、完善应急处置体系等策略,将理论体系细化为可实施的规划路径。规划内容面向济宁市健康安全主要风险和突出问题,关注生态环境修复与功能提升、高风险环境治理,针对医疗卫生、养老服务、健身发展、志愿服务与城市基础设施等领域,构建功能强韧的城市设施与服务网络体系,完善以老旧小区与社区公共服务设施改造为重点的社区级健康安全设施与服务网络体系建设,构建涵盖"平疫"与"平灾"设施、恢复重建等方面的应急处置体系,多方位、多领域、多层级全面完善济宁市健康安全系统,保障城市的安全运行和居民的健康生活。

导言

实现碳达峰碳中和，是以习近平同志为核心的党中央统筹国内国际两个大局作出的重大战略决策，是着力解决资源环境约束突出问题、实现中华民族永续发展的必然选择，是构建人类命运共同体的庄严承诺。推动经济社会在发展中实现节能、降碳是实现高质量发展的关键环节。

城乡建设是碳排放的主要领域之一，城市是CO_2排放的主要空间载体。随着城镇化快速推进和产业结构深度调整，城乡建设领域碳排放量及其占全社会碳排放总量比例均将进一步提高。为实现"双碳"战略目标，需要加快转变城乡建设方式，提升绿色低碳发展质量，通过优化城市结构和布局、建设绿色低碳园区和社区、推进绿色建筑和绿色建造、提高基础设施运行效率等措施，控制城乡建设领域碳排放量增长，使人居环境更加美好、人民生活更加幸福。

CO_2排放量占总量的比例达到80%，涉及生产和消费、基础设施建设、社会经济等各个方面，是推动碳达峰碳中和工作的"主战场"。在能源发展规划中落实低碳发展理念，建立清洁取暖、绿色电力供应体系，有助于促进能源高质量发展和经济社会发展绿色低碳转型，为科学有序地推动如期实现"双碳"战略目标和建设现代化经济体系提供保障。

中规院（北京）规划设计有限公司高度重视绿色、低碳方面的业务发展，承担了城乡建设、低碳园区、清洁能源、绿色基础设施等多个规划项目和标准规范的编制工作。2021年10月正式成立了绿色低碳规划建设研究中心，在综合能源和专项规划、碳达峰碳中和行动方案、绿色低碳园区街区规划、国土空间规划碳评估与低碳发展研究、北方地区清洁取暖实施方案及技术咨询、新型生态空间规划、绿色低碳技术研究和标准制定等领域开展了大量探索与实践，形成了绿色低碳业务特色的核心技术体系。

海南博鳌零碳示范区总体设计、辽源市冬季清洁取暖实施方案和揭阳市国土空间电网专项规划均为公司近几年完成的低碳、能源类规划设计项目代表，希望能为读者提供一些启发和思考。

第五篇

低碳节能规划与设计

Low-Carbon and Energy-Conservation

18 海南博鳌零碳示范区总体设计
Comprehensive Design for Boao Zero-Carbon Demonstration Zone, Hainan Province

▎项目信息

项目类型：专项规划
项目地点：海南省琼海市
项目规模：约190hm²
完成时间：2022年10月
委托单位：海南省住房和城乡建设厅

项目主要完成人员

项目总负责：王凯
院主管总工：张菁
顾问专家：江亿 李晓江
公司主管领导：张全 李利
公司主管总工：孙彤 黄继军
项目主管：胡耀文
项目负责人：王富平
现场负责人：曾有文 孟宁
项目组成员：
    中规院海南分公司项目参加人：高原 张璐 安志远 崔鹏磊 刘彦含 王丽
        付霜 杨晗宇 吴杰 朱胜跃 周世魁 白金
    清华大学项目参加人：刘晓华 张涛 刘效辰 张吉 李浩
    中国建筑设计研究院项目参加人：王陈栋 冯天圆 林波 谷一弘 伊文婷
    中规院水务分院项目参加人：刘广奇 程小文 刘彦鹏 王巍巍
    中规院风景分院项目参加人：王忠杰 牛铜钢 束晨阳 高倩倩 邓力文 王凯伦
执笔人：胡耀文 曾有文 王富平 李利 张辛悦

博鳌零碳示范区建设效果图
Rendering of Boao Zero-Carbon Demonstration Zone

▎项目简介

《海南博鳌零碳示范区总体设计》是面向博鳌零碳示范区实施建设、指导具体工作的系统设计方案。通过落实《海南博鳌零碳示范区创建方案》提出的总体要求、建设目标和主要任务，深化博鳌零碳示范区建设的目标内涵、总体原则、理念架构和控制指标，统筹开展8大类18个实施项目的详细规划设计，明确项目总体布局、各项目建设内容、建造衔接、技术落地方案和实施进度，指导下一阶段实施项目方案设计和施工图设计的有序开展。

▎INTRODUCTION

The *Comprehensive Design for Boao Zero-Carbon Demonstration Zone, Hainan Province* is a systematic design scheme to guide the detailed construction of Boao Zero-Carbon Demonstration Zone. Based on the general requirements, construction goals, and main tasks proposed in the *Development Plan of Boao Zero-Carbon Demonstration Zone, Hainan Province*, emphasis is placed on further clarifying the connotation of construction goals, general principles, planning concepts, technical framework, and control indicators for the construction of Boao Zero-Carbon Demonstration Zone. At the same time, efforts are made to carry out detailed planning and design for 18 implementation projects in 8 major categories, and determines the general layout of the projects, construction contents of each project, technical requirements, and implementation progress, which offers accurate guidance to the design and construction of all the implementation projects in the next stage.

1 | 项目背景

全世界范围内城市碳排放占全球碳排放总量的71%～76%，我国约70%的碳排放来自城市。城市建成区的绿色降碳更新改造是全球实现碳达峰碳中和的"主战场"。

根据习近平总书记2022年4月视察海南时作出"把东屿岛打造成零碳示范区，比开多少次'双碳'工作论坛都要有说服力"的重要指示精神，住房和城乡建设部和海南省决定共同创建海南博鳌零碳示范区，探索城乡建设领域的碳达峰碳中和实施路径。

通过多方面论证和研究，选择已建成运行的东屿岛（1.8km²）作为零碳示范区的绿色改造对象。

为达到"世界一流、国内领先"的工作目标，整体、系统、协同地开展博鳌零碳示范区（以下简称"示范区"）的建设工作，海南省住房和城乡建设厅委托中规院（北京）规划设计有限公司开展《海南博鳌零碳示范区总体设计》的编制工作。

2 | 规划思路及内容

按照"区域零碳、资源循环、环境自然、智慧运营"四大设计理念和一"零"（全岛运行阶段零碳）、二"降"（建筑本体能耗下降、交通能耗下降）、七个"100%"（岛内新能源车比例100%、可再生能源替代率100%、污水再生回用率100%、直饮水覆盖率100%、可堆肥垃圾就地资源化利用率100%、非侵蚀岸线生态化比例100%、智能化运维覆盖率100%）的建设目标，对建筑绿色化改造、可再生能源利用、交通绿色化改造、固废资源化处理、水资源循环利用、园林景观生态化改造、运营智慧化建设、新型电力系统8大类18个项目开展了详细规划设计，形成合理的减碳实施路径、零碳技术体系和建设指标，明确各项目建设内容、空间边界、技术要求和实施进度等。

（1）构建目标可达的减碳实施路径。综合考虑项目的先进性、示范性、针对性和零碳目标可达性，构建了零碳能源供应体系、低碳绿色建筑体系、零碳化绿色交通体系、改造环境基础设施、生态碳汇能力提升和零碳化智慧管理系统6个核心减碳实施路径。

（2）构建立足全球的零碳技术体系。结合海南省住房和城乡建设厅组织开展的"博鳌零碳示范区零碳技术方案与产品"征集活动，建立从全球技术长名单到优选展示中名单，再到示范区集成应用短名单的示范技术筛选机制，搭建示范区零碳技术体系和建设指标。

（3）基于项目成效的总体方案布局。围绕四大设计理念，形成8大类18个实施项目的建设内容、建造衔接、技术落地方案，形成项目集成布局设计和设计集成实现。

区域零碳。通过10个项目，统筹建筑绿色化改造、可再生能源利用和交通绿色化改造的系统设计，集成展示69项示范技术。结合设施设备老化、技术落后、高能耗、体验感差等问题，开源节流，通过建筑绿色化改造、可再生能源利用、交通绿色化改造、零碳新型电力系统的一体化设计实施，解决东屿岛运营阶段碳中和及能源系统零碳化的核心问题，在零碳城区源网荷储调一体化建设方面探索示范路径。创造所见（光伏瓦、光伏路面、发电地砖、光伏玻璃等）、所行（无人驾驶公交、发电自行车、绿道等）、所感（智慧停车场、智慧公交、智能客房系统等）协同作用的零碳应用场景。

资源循环。通过4个项目，统筹资源循环利用和水资源循环利用的系统设计，集成展示10项示范技术。针对东屿岛资源处理技术先进性不足、循环利用水平低等问题，通过物资循环利用和水资源循环利用微改造，结合有机果蔬供应基地建设、可循环和废旧工程材料利用，建立资源循环利用系统，在零碳城区新型基础设施微改造与资源循环利用方面探索示范路径。进一步从所行（海绵化室外环境）、所用（可循环建材、环境优化的生活垃圾处理设施）、所享（有机食品、高品质供水）方面丰富科技场景。

环境自然。通过3个项目，统筹近自然驳岸改造、林地碳汇能力提升、低碳设施设计与应用和生态化水系改造的系统设计，集成展示18项示范技术。针对景观人工化、破碎化、低品质问题，通过园林景观生态化改造，以环境扰动最小化、碳汇能力最大化、生物系统可循环为重点，在零碳城市生态本底修复方面探索示范路径。重塑东屿岛隐逸、充满野趣的高品质自然场景，人工环境回归自然。

运营智慧。通过"CIM+"可视化零碳管理系统和碳监测终端设备2个项目开展运营智慧化改造，成体系整合创新智慧化技术，建立孪生"数字东屿"的三维底盘；支撑智慧零碳的运营与管理，提高降碳管理效率；实施一体化的智慧能源管理，衔接碳源、零碳能源监测与计量；衔接可视化零碳展示大屏、零碳智慧客户体验和使用终端；在零碳城区的智慧监测和管理方面探索示范路径。智慧化赋能"零碳设计—数字化施工管理—智慧运行—智慧治理—能源管理—零碳生活"全新链条，创造智慧科技场景。

（4）开展示范项目的详细设计。在总体设计方案基础上，根据每个项目的设计目标和指标、设计内容明确设计范围、设计措施、技术方案、试运营要求、竖向与标高设计、投资估算、进度安排等内容。

3 | 项目亮点

3.1 破题城市建成区问题的绿色零碳更新改造

破解城市建成区绿色零碳更新改造问题，关键在于实现建筑、交通、市政、人的行为活动等各要素的整体零碳。示范区作为探索我国城区绿色降碳更新改造问题的微观缩影，通过创建方案定系统目标、技术导则定实施标准、总体设计定技术布局、项目施工图设计定工艺工法，开展全过程技术管理、全生命周期的碳审计与碳管理等一系列工作，形成了一套可推广的零碳建设规划、建设、管理运行流程。

示范区对标瑞典哈马碧生态新城。哈马碧生态新城是新区建设的绿色低碳探索典范，而示范区则要向全球展示一个建成区通过更新改造实现的零碳建设典范。

3.2 采用借力自然与因地施策相结合的精准方案

项目组借助气候模型、能耗模型、负荷模型等现代数字化分析工具（图1、图2），因地施策，精准应用各类工艺工法实现人与自然在零碳改造中的合力共生。

首先，将建筑绿色化改造和可再生能源利用精准融合，最大化利用风、光、热资源，让自然做功。优先组织被动式、低成本的自然节能降碳技术，减少机械设备的使用；在此基础上，根据不同

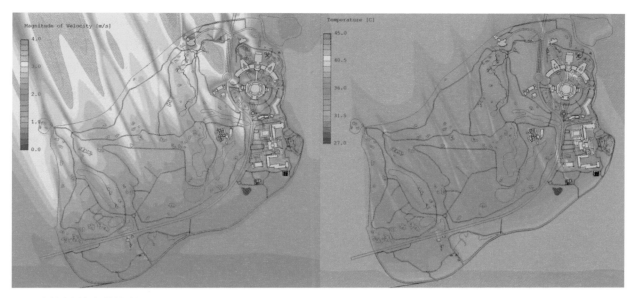

图1　东屿岛微气候模拟分析图
Fig.1　Microclimate simulation analysis of Dongyu Island, Boao

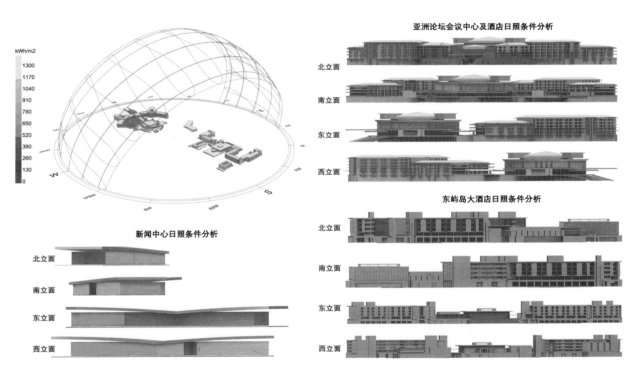

图2　主要建筑日照条件分析图
Fig.2　Analysis on sunlight conditions of main buildings

功能用房的冷负荷需求选择空调设备和使用方式，使空调负荷最小、能耗最低、投资最少；同时，最大化利用岛内建筑、地面、停车场、景观设施等外部空间铺设光伏发电系统，根据不同朝向、高度的得热特点及景观要求选择不同光伏材料和组件铺设方式，实现光伏组件发电效率和景观效果整体最佳。其次，景观生态化改造和水资源循环利用项目因势利导，充分利用植被、土、水等自然元素提高自然碳汇能力，促进自然生态循环。此外，示范区所有拆改项目，如建筑空间改造、道路广场海绵化改造、景观生态修复等，均严格控制拆改量，优先利用废弃空间，采用利废材料、可循环利用材料，减少新增建设对环境的扰动，并且为未来的新技术、新需求预留持续的改造升级空间，力争全生命周期减碳。

3.3 组织贯通零碳领域先进性和适用性新技术

零碳城区的技术组织应贯通建筑、交通、市政等相关碳源领域，系统效率优先，统筹考虑技术的先进性和适用性。项目组结合热带海岛实际，紧扣"区域碳排放量整体下降"这一目标，运用碳排放清单分析、单位投资的减碳效益分析、技术的气候适应性分析等多种评估手段综合研判，最终形成经济可行、先进性与适宜性并重、具有较高推广价值的热带城区零碳建设技术集成体系，集成应用了国际或国内领先的一批先进技术和产品，实现减碳效益、经济效益和社会效益的整体最佳。

首先，建筑方面形成针对不同体量和功能类型的空间降碳与可再生能源利用技术集成示范。博鳌亚洲论坛（缩写为BFA）新闻中心规模适中，适合开展新技术应用探索。改造采用了"光储直柔"

系统，是目前国内直流元素最丰富、运行调控水平最高的光储直柔系统之一，其中的多个单项技术和产品具有自主知识产权，在国际或国内同类技术产品中性能优秀。如高安全、长寿命全钒液流长时储能系统，国际领先的光伏逆变器，国内转换效率最高的太阳能光伏板等。该项目的年光伏发电量大于建筑自身用电量，它也是一座产能建筑（图3、图4）。博鳌亚洲论坛国际会议中心及酒店、东屿岛大酒店的改造借鉴冬奥会张家口赛区的先进用能降碳理念，全面改造生活热水和炊事设备系统，实现了示范区建筑用能的全电气化，是实现示范区100%可再生电力供应的主要设备保障。这也是国内首个区域级建筑用能全电气化项目，并为目前国内推广难度较大的厨房电气化工作作出表率。博鳌亚洲论坛国际会议中心及酒店改造还在国内大型建筑项目中首次采用水蓄冷设施，用于岛内光伏消纳。该设施比化学储能系统更加安全、环保，建设投资减少2/3，是城市新能源消纳和建筑新型能源系统设计、构建的未来发展方向（图5）。

其次，在交通降碳方面，示范区内的船只、市政车辆、园林机械等也将全部电气化，配合建筑用

图3　改造后的博鳌亚洲论坛新闻中心实景
Fig.3　Photo of the BFA News Center after renovation

图4 改造后的博鳌亚洲论坛新闻中心近景
Fig.4 Photo of the BFA News Center after renovation

图5 博鳌亚洲论坛国际会议中心及酒店阳台碲化镉光伏栏板
Fig.5 CdTe photovoltaic fence for BFA International Conference Center and hotel balcony

图6 示范区零碳综合管理平台管理界面
Fig.6 Management interface of zero-carbon comprehensive management platform of the demonstration zone

能电气化项目，为实现示范区100%可再生电力供应保驾护航。示范区内停车场和接驳站点部分采用柔性充电桩，柔性调节岛内用电，使车辆与建筑用能管理形成区域能源互联网。该系统具有国内领先的示范效果。示范区利用农业观光互补项目用地发展绿色和有机农业，作为东屿岛餐饮服务的"菜篮子"，在补偿提供可再生能源电力的同时，减少了相应的食品运输碳排放。针对零碳运营管理问题，示范建设通过构建国内领先的基于大数据分析的新型能源综合管理系统，实现城市零碳智慧运营管理示范。此外，针对零碳城区关键基础设施建设问题，示范建设通过新型零碳电力系统项目，构建了国内首个高实时动态响应虚拟电厂，为我国高效节能民生设施打造了创新典范。

以上工作为我国零碳城区的技术体系构建办法与框架提供了重要示范。

3.4 探索全要素智能化的零碳综合管理

零碳示范区必须解决运行管理的系统、高效问题。项目组尝试通过国内首个全要素、智能化零碳管理平台建设，构建全要素整合、全域覆盖、全时数据监测、快速响应、动态调控的零碳运营管理智慧中枢（图6），解决运行管理系统效率问题。通过管理平台，示范区实现了对建筑用电、绿色交通智能化、市政用电、可再生能源供应、碳汇系统、新型电力系统、物资循环系统等零碳城区建设要素的全面监测与综合调控。如对博鳌亚洲论坛国际会议中心及酒店、东屿岛大酒店等建筑的空调进行AI智能调控，提高系统运行效率，预计可降低空调系统能耗15%～18%。同时，管理平台积累的能耗和碳排放实时数据、碳汇计量等，为示范区未来的碳资产管理和碳增值行动建立了基础。

3.5 建立了市场投资与经营回报联动的实施模式

在运营投资方面，示范区积极探索市场参与机制，通过公开招选方式选取自主投资企业，探索打通零碳示范区建设的技术环节、盈利模式、运营环节，做到企业敢投、市场愿投。示范区还将在零碳管理平台的数据支持下，开展多种形式的碳资产管理和增值行动，如通过参与国内外碳市场活动，探索更具经济回报价值的零碳资产运营方式。

3.6 探索零碳城市社会治理的生态文明政策公约

示范区在建设过程中不断探索零碳运行管理政策和机制，通过对外展示、宣传引导和各类交互式的应用场景开发，助力提升老百姓节约能源、减少碳排放的环保意识，培养低能量、低消耗、低开支的生活方式，不断推动零碳生产和生活方式深入老百姓的思想意识，融入日常生活。

4 | 规划实施

项目完成后，项目组进一步开展了示范区建设的全过程技术管理与咨询。常驻现场持续开展各项目设计方案审查、施工图审查、技术指导和施工巡查等工作，统筹协调设计方案与施工方案组织，确保设计理念和设计目标全面贯彻，实现总体设计管控要求对示范区建设的精准传导。

在项目组的有力指导下，示范区各项建设稳步推进，首批建设的16个项目紧张有序施工，热火朝天、昼夜不停。截至2023年9月，8大类18个项目的建设内容已经完成（图7～图16），并在2023年国庆节前全部投入运营，实现减碳86.4%和年供应清洁电力2257万kW·h。

未来，示范区将继续开展已竣工项目的优化提升和联调联试、制定政策公约、运行管理办法、做好认证评估等相关探索工作，不断细化完善，输出可复制、可推广的博鳌经验。预计2024年博鳌亚洲论坛年会达到零碳试运行、2025年实现零碳运行的目标。

图7 改造后的博鳌亚洲论坛国际会议中心及酒店实景
Fig.7 Photo of the BFA International Conference Center and Hotel after renovation

变革与创新 中规院（北京）规划设计有限公司 优秀规划设计作品集Ⅲ

图8　椰林聚落项目实景
Fig.8　Photo of the coconut forest settlement

图9　有机废弃物资源化利用设施实景
Fig.9　Photo of the organic waste recycling facilities

图10　零碳管理运行中心实景
Fig.10　Photo of Boao Zero-Carbon Management Center

图11　岛外农光互补项目实景
Fig.11　Photo of the off-island agricultural-photovoltaic complementary project

图12　岛外农光互补项目内景
Fig.12　Interior photo of the off-island agricultural-photovoltaic complementary project

图13　循环花园实景
Fig.13　Photo of the circular garden

图14　博鳌亚洲论坛大酒店光伏连廊实景
Fig.14　Photo of the photovoltaic corridor of BFA Hotel

图15　博鳌亚洲论坛国际会议中心光伏屋面实景
Fig.15　Photo of the photovoltaic roof of BFA International Conference Center

图16　博鳌亚洲论坛新闻中心光伏地砖实景
Fig.16　Photo of the photovoltaic floor tiles of BFA News Center

变革与创新　中规院（北京）规划设计有限公司优秀规划设计作品集Ⅲ

19 辽源市冬季清洁取暖实施方案
Implementation Plan for Winter Clean Energy Heating in Liaoyuan City

▎项目信息

项目类型：专项规划
项目地点：吉林省辽源市
项目规模：辽源市域范围 5140km²
完成时间：2021年11月
委托单位：辽源市城市基础设施建设开发有限责任公司

项目主要完成人员

项 目 主 管：王家卓
技术负责人：魏保军
项目负责人：张中秀 覃露才
主要参加人：宋晓栋 郑桥 李爽 谭建光
执 笔 人：张中秀 覃露才

▎项目简介

辽源市是2021年国家冬季清洁取暖项目试点城市。为有效指导项目建设，编制了《吉林省辽源市冬季清洁取暖项目实施方案》（以下简称《方案》）。《方案》秉承"系统实施、因地制宜、居民可承受"的工作原则，针对现状冬季取暖散煤多、大气污染严重、建筑保温性能差等问题，以改善区域大气环境、提升清洁取暖率和保障居民温暖过冬为目标，按照城区、县城、农村3个层级分别制定实施策略，并将污染排放重、用户支付能力低、清洁取暖推行困难的县城及农村地区作为重点，因地制宜地探索出东北经济欠发达地区低碳、低成本、低干扰的清洁取暖新模式，并取得了较好的实施效果，为我国严寒地区农村提供了可借鉴的清洁取暖解决方案。

▎INTRODUCTION

Liaoyuan is one of the pilot cities of the National Winter Clean Energy Heating Project in 2021. In order to effectively guide the project, the municipal government of Liaoyuan formulated the *Implementation Plan for Winter Clean Energy Heating in Liaoyuan City, Jilin Province*. Adhering to the principle of "systematic implementation, adaptation to local conditions, and affordability of residents", the plan aims to solve the problems such as large amount of bulk coal for winter heating, sever air pollution, and poor thermal insulation performance of buildings. In order to promote the regional atmospheric environment, improve the clean energy heating rate, and ensure proper temperature for residents in winter, efforts are made to formulate implementation strategies based on the conditions of urban areas, counties, and rural areas respectively, and attach great importance to the counties and rural areas with heavy pollution emissions and low affordability of users, where the clean energy heating is difficult to implement. In such a way, a new mode of clean energy heating featured by low carbon, low cost, and low interference has been explored in the underdeveloped areas of Northeast China in line with local conditions, and good implementation effects have been achieved, which provides clean energy heating solutions for cold rural areas of China.

1 | 项目背景

我国北方地区清洁取暖比例较低，特别是部分地区冬季大量使用散烧煤，大气污染物和CO_2排放量大，迫切需要推进清洁取暖、改善区域大气环境质量。2016年12月，习近平总书记在中央财经领导小组第十四次会议上指出，推进北方地区冬季清洁取暖关系广大人民群众生活，是重大的民生工程、民心工程；推进北方地区冬季清洁取暖，关系北方地区广大群众温暖过冬，关系雾霾天能不能减少。同时，清洁取暖也是能源清洁化利用的重要组成部分，加快提高清洁取暖比例是能源生产和消费革命、农村生活方式革命的重要内容，是城乡建设领域实现碳达峰碳中和战略目标的重要举措。

国家为鼓励北方地区清洁取暖，2017～2021年先后分4批、在63个北方城市中开展中央财政资金支持试点示范，探索冬季清洁取暖建设新模式。2021年，辽源市通过竞争性评审，成为吉林省第一个国家冬季清洁取暖试点城市，也是东北首批清洁取暖试点城市。本《方案》是试点城市申报的技术文件，也是指导实施建设的主要依据。

推进冬季清洁取暖工作应结合本地区社会经济情况，坚持宜电则电、宜气则气、宜煤则煤、宜热则热。考虑到辽源市经济基础较差，实施煤改气、煤改电使用成本高、基础设施难以支撑，暂不具备短期内大规模推广的条件。《方案》创新性地提出了充分利用当地丰富的秸秆生物质资源，实现低成本、零碳供热，探索适合辽源农村资源经济条件和居民生活习惯的冬季清洁取暖新模式。

2 | 建设目标与技术路线

2.1 建设目标

根据辽源市经济条件和已有工作基础，合理制定冬季清洁取暖工作目标和任务，探索东北经济欠发达地区、中小城市清洁取暖模式。

到2023年，实现全市清洁取暖率达到90%以上，基本消除重污染天气，空气质量优良天数比率达到90%以上。其中，城市清洁取暖率达到100%；县城清洁取暖率达到100%；农村清洁取暖率达到65%以上，平原地区基本完成生活和取暖散煤替代。做好建筑能效提升工程，新建建筑全面执行建筑节能标准；到2023年，城区和县城100%完成具有改造价值的建筑节能改造；有序推进农村地区"暖房子"工程，推进农房建筑节能改造。建构完善的冬季清洁取暖政策保障体系，形成一批可推广、可复制的经验。

2.2 技术路线

为了全面落实习近平总书记对推进北方地区冬季清洁取暖工作的重要指示，按照"企业为主、政府推动、居民可承受、运行可持续"的方针，树立低碳发展理念，结合本地实际情况，充分利用辽源市城市热电联产、集中供热管网和农村秸秆生物质资源优势，统筹"热源侧"清洁能源替代和"用户侧"建筑能效提升两方面工作，把县城及农村作为重点改造区域，探索东北地区经济欠发达地区中小型城市清洁取暖模式和农村低碳、低成本、可持续的生物质供热模式（图1）。通过推广农村生物质供暖，带动生物质资源化利用和产业化发展，对推动农村经济建设、实现乡村振兴起到重要作用。

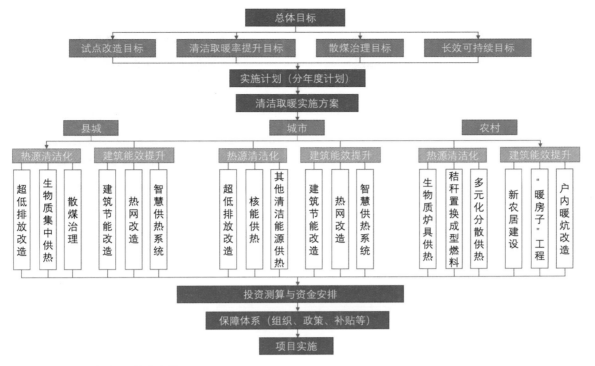

图1 辽源市冬季清洁取暖技术路线图
Fig.1 Technical roadmap for winter clean energy heating in Liaoyuan City

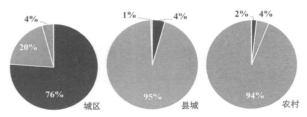

3 │ 实施方案

3.1 现状与问题

辽源市位于吉林省中南部，市域面积5140km²，下辖两县两区和一个省级经济开发区，总人口116万。冬季天气严寒，年供暖天数162天。截至2021年3月，全市既有建筑面积总量约4700万m²，清洁取暖率为42%，其中城区为76%、县城仅为4%、农村仅为2%（图2）。

辽源市清洁取暖的特点与问题主要包括以下几个方面。

（1）冬季取暖煤炭占比高，大气污染严重

辽源属低山丘陵区，处在三面环山的盆地中，污染物不易扩散，大气污染具有明显的季节性，供暖期的污染物浓度明显高于非供暖期，属煤烟型污染。2020年$PM_{2.5}$年均浓度为39μg/m³，未达到国家二级标准（图3）；2021年第一季度，全市$PM_{2.5}$平均浓度为51μg/m³，排名全省倒数第一。

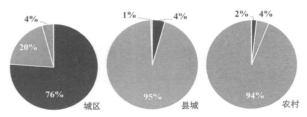

图2 2020年辽源城区、县城及农村清洁取暖情况
Fig.2 Status of clean energy heating in the urban areas, counties, and rural areas of Liaoyuan in 2020

■清洁能源取暖面积 ■燃煤锅炉供热面积 ■散煤及分散生物质供暖面积

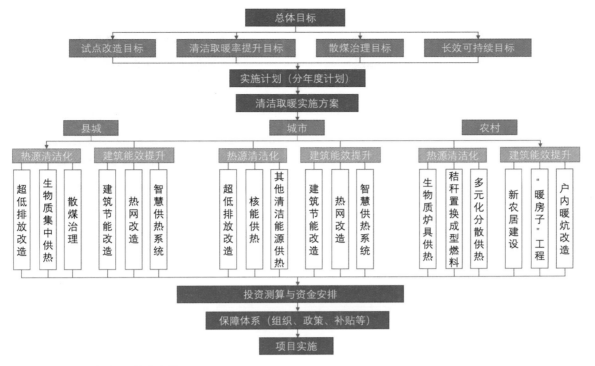

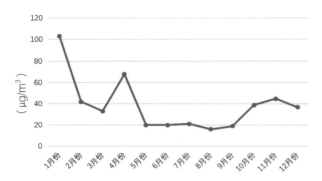

图3　2020年辽源市PM$_{2.5}$浓度全年变化趋势图
Fig.3　Variation trend of PM$_{2.5}$ concentration in Liaoyuan City in 2020

辽源地处长春南部，对哈长城市群空气质量影响较大，开展清洁取暖工作势在必行。

（2）农村建筑普遍老旧，保温性能差、热损耗大

辽源农村建筑节能改造较为滞后，除近几年部分新建农宅采用节能材料建设外，大部分建筑尚未进行建筑节能改造，房屋的围护结构保温性能较差，单位面积热负荷较城市建筑高2～3倍以上。根据问卷调查结果，农村2000年以前建设的房屋占比60%以上，62%的农房墙体、门窗等未采取节能保温措施，83%的农户有意向对房屋进行建筑节能保温改造。

（3）电力、燃气基础设施网络无法支撑大规模煤改电、煤改气

辽源市域农村电网均未经过大规模更新改造，户均容量仅为1.3kVA～1.5kVA；市域燃气管网覆盖率较低，目前东丰县全县未通管道天然气，因此尚不具备短期内大规模推广煤改电、煤改气的实施条件。

（4）农村居民收入低、支付能力差

辽源市农村居民的经济收入水平较低，目前农户大多散烧秸秆，冬季取暖基本不花钱。如采取燃煤、电力、天然气等方式取暖，年运行费用均在2500元以上，成本较高，用户接受程度低，须探索资源足、成本低、环境效益好、老百姓易于接受

的清洁取暖新方式。

（5）生物质资源丰富，农林废弃物处置困难

辽源市耕地面积约22.67万hm^2（合340万亩），户均约1.13hm^2（合17亩），秸秆年产量约200万t，但利用率不足60%。生物质秸秆往往被作为废弃物留在田里，每年冬天均有农民露天焚烧，大气污染严重。政府在控制秸秆焚烧方面也投入了大量的人力和物力，效率低、矛盾多。农林废弃物的科学、合理、高效处置成为农业、环保部门面临的重要问题。

3.2　总体方案

为实现改善区域大气环境、提升冬季清洁取暖率和保障居民温暖过冬的目标，按照城区、县城、农村3个层级分别制定实施方案。

（1）城区："热电联产+核能+超低排放燃煤锅炉"集中供热

辽源市主城区充分利用集中式清洁供热热源优势，提高集中供热管网覆盖率。保留现状辽源大唐热电厂，分期对现状第一、第二调峰锅炉房进行超低排放改造，作为城区的清洁调峰热源。建设"燕龙"低温核能供热项目，新增清洁供热能力1000万m^2，作为城区西孟工业园区和城区部分新增建筑的基础热源。完成建筑节能改造30万m^2，非节能且有改造价值的建筑100%实现节能改造。

（2）县城："超低排放燃煤锅炉+生物质"集中供热

东丰和东辽县城开展集中供热热源清洁化改造，积极利用周边生物质资源供热。对东丰县城天星、宏宇2座锅炉房开展超低排放改造，实现清洁供热能力600万m^2；建设东辽县城生物质集中供热项目，实现清洁供热能力200万m^2。完成建筑节能改造46万m^2，非节能且有改造价值的建筑100%实现节能改造。

（3）农村：推广生物质"零碳"供热，改善农房保温

农村地区因地制宜，实施推广"1+1"（生物质取暖+农房保温）模式，推进生物质秸秆就地消纳和清洁取暖（图4）。采用"秸秆置换"资源化利用模式，鼓励农户将自家生产的生物质秸秆与厂家进行免费"置换"，实现农村居民经济、清洁取暖，推动生物质资源化利用产业链发展。建立长效运行机制，从政策和技术上保证清洁取暖设备后期的运行维护。

3.3 建设项目与投融资

辽源市2021～2023年计划实施清洁取暖项目47个，主要包括热源清洁化、建筑能效提升、管理能力提升三大类。其中，热源清洁化类项目32个，包括超低排放改造、核能供热试点、公共建筑清洁取暖、生物质集中供热、农村分散清洁取暖等项目；建筑能效提升类项目11个，包括城镇建筑节能改造、农村建筑节能改造、热网改造和智慧平台建设等；管理能力提升类项目4个，包括清洁取暖监管平台建设、清洁能源供应体系建设等。

辽源市冬季清洁取暖项目总投资约55亿元。其中，申请中央财政资金9亿元，地方财政资金6.6亿元，企业自筹38.2亿元，居民自筹0.75亿元。项目投资计划为2021年完成20%，2022年完成47%，2023年完成33%。

充分发挥财政资金的引导和激励作用，按照"补建设，不补运行"的原则，合理确定各类清洁取暖项目的补贴标准。中央财政资金重点补贴农村地区的热源清洁化和建筑节能改造项目，占比达到66%。各级政府积极采取措施，保障地方财政配套，加强专项资金管理，通过绿色金融、专项债券、PPP等多渠道筹措资金，鼓励社会资本参与清洁供热的建设和运营，保证项目资金需求。

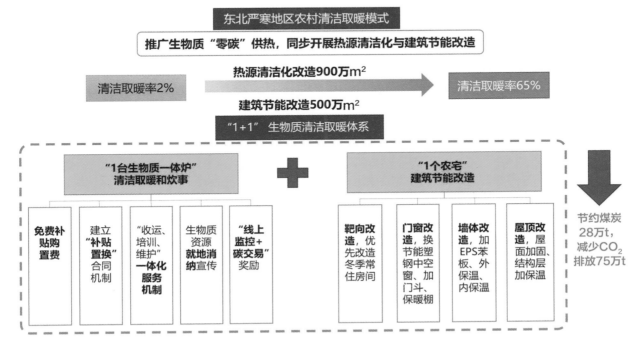

图4 农村地区清洁取暖模式图
Fig.4 Clean energy heating mode in rural areas

4 | 亮点与特色

4.1 探索农村低成本零碳取暖模式

结合对辽源市农村地区冬季取暖情况实地调研和问卷调查结果（图5），在充分了解当地农村居民现状取暖习惯、改造需求、可接受成本的基础上，确定了"以生物质为主，其他清洁能源为辅"的总体技术路线和"低投资、低成本、低碳"的农村可持续清洁取暖模式。

《方案》坚持因地制宜的原则，充分利用辽源市秸秆资源丰富的特点，围绕生物质清洁取暖全产业链的打造，在乡镇集中实施生物质锅炉清洁替代项目，在农村分户推广生物质取暖专用炉具，并配套做好生物质收储运体系的建设。通过财政补贴推广生物质一体炉进行清洁取暖和炊事，鼓励农户将自家生产的秸秆与厂家生物质成型燃料进行免费置换，实现农村居民"零投资、零碳"供热。此外，根据农户的经济条件和实际需求，鼓励发展空气源热泵、地源热泵、电蓄热锅炉等分散清洁取暖方式。

4.2 定制化的建筑节能改造实践

本项目中，把同步推进热源清洁化改造和建筑节能改造作为一项基本原则，既要"清洁供"、也要"节约用"。特别是农村地区房屋保温性能差，热耗较城市节能建筑要高2~3倍，如果不进行建筑节能改造，即便实现热源清洁化，但消耗浪费也大，提高了供热成本，农民难以承受，未来返煤的隐患较大。通过热源清洁化改造和农房建筑节能改造同步推进，比较好地解决了能源浪费的问题，实现了经济可持续运行。

按照低成本、覆盖广的原则，在农村建筑节能改造中因地制宜推广定制化的"靶向设计"改造模式，对农户常住房屋的门窗、外墙和主卧等关键区域进行节能改造。通过政策引导和财政补贴，基本

图5　辽源农村地区清洁取暖居民问卷调查
Fig.5　Questionnaire survey on clean energy heating in the rural areas of Liaoyuan

完成农村非节能且有改造价值的建筑节能改造，实现农房改造后整体能效提升30%以上，提高了农民冬季取暖质量。

4.3 生物质取暖长效机制与可持续运营

针对农村生物质成型燃料产业链基础薄弱、农户缺乏使用经验、燃料市场价格存在不确定性等问题，研究建立保障生物质清洁取暖的长效、可持续机制。通过推行"补贴置换"机制，每年农户将自家生产的生物质秸秆提供给企业，按照一定比例置换为成型燃料，既解决了农户的秸秆废物处置问题、为农户提供了取暖燃料，也保障了企业的原料来源和合理利润，实现了可持续运营。

采用"城镇集中与农村分散相结合""国资参股+龙头企业+农村合作社"等方式，全面推进本地生物质收储制运体系建立。扩建城区和县城现状生物质燃料加工厂，鼓励各乡镇及农村合作社新建生物质燃料加工厂，不断扩大燃料供应能力和规模，保障农户清洁取暖所需生物质燃料。试点推广秸秆"置换"成型燃料的模式，出台生物质秸秆离田补贴政策、设立生物质推广基金，推动形成相关产业链，让老百姓能"用得上、用得起、用得好、不返煤"。

5 | 实施效果

在完成实施方案编制和试点城市申报工作后，项目组继续承担了后期项目实施的技术咨询服务，协助地方政府持续推进冬季清洁取暖工作，不断完善"一个小组、一套机制、两项改造、三种模式"的顶层设计，探索可复制、可推广、可持续的清洁取暖改造模式，形成了"系统分类、覆盖全面、实施高效"的辽源市冬季清洁取暖工作新格局，在2022年国家四部委的年度考核中，取得了较好的成绩。

截至2022年6月，全市已完成热源清洁化改造619.2万m^2、6.35万户，完成建筑节能改造232.2万m^2、2.72万户，超额完成年度绩效任务。全市清洁取暖率达到55%，建成区散煤基本"清零"，冬季取暖节约标煤约13.5万t，减少NO_x排放2108t、SO_2排放2230t，CO_2排放35万t；实现重污染天气基本消除，空气质量优良天数达到83%，$PM_{2.5}$浓度下降14.7%，空气质量明显改善。随着冬季清洁取暖工作的深入推进，将进一步提高广大市民的获得感、幸福感、安全感。

6 | 结语

多年来，每年200万t的秸秆剩余物如何处理一直是困扰辽源人的难题，冬季清洁取暖项目的实施，让难题变成了动力。辽源市依托丰富的秸秆资源，构建"以生物质为主，其他清洁能源为辅，低投资、低成本、可持续"的农村清洁取暖体系，着力打造生物质"零碳"供热模式，一方面向广大村民宣传低碳理念，推广生物质取暖专用炉具，另一方面加快推进生物质燃料"收储制运"产业链建设，有效保障生物质燃料的可靠供应。辽源市实施农村生物质清洁供暖后，实现了低成本、清洁、温暖过冬，解决了秸秆处置难题，有效地改善了大气环境，对东北其他资源条件类似地区有重要的借鉴意义。

20 揭阳市国土空间电网专项规划
Sectoral Planning for Power Grid of Jieyang City

▌项目信息

项目类型：专项规划
项目地点：广东省揭阳市
项目规模：揭阳市域范围5266km²
完成时间：2021年11月
委托单位：广东电网有限责任公司揭阳市供电局

项目主要完成人员

项 目 主 管：吕红亮
技术负责人：魏保军
项目负责人：李爽
主要参加人：孙道成　张中秀　郑桥　祝成　肖建华　黄建辉　林峻嵩
　　　　　　陈冬沣　林晓波
执 笔 人：李爽

揭阳市海上风电场
Jieyang Offshore Wind Power Plant

▌项目简介

　　本项目从国土空间总体规划对电网专项规划的要求出发，研究了新型电力系统构建中的问题，将电力系统与城市发展融合起来，统一底图、统一坐标，在电力系统网架规划、电力设施与廊道空间落地、电力设施与永久基本农田及生态保护关系等方面进行了深入探索，最终将电力设施矢量和数据信息纳入国土空间总体规划"一张图"的管理系统中，与国土空间总体规划互相支撑，为未来揭阳城市电力能源安全供给和新型电力系统建设保驾护航。

▌INTRODUCTION

In response to the requirements of the territorial master planning for the power grid sectoral planning, this project has studied the problems in the construction of new power systems and integrated the power system with urban development. On the basis of unifying the base map and coordinates, in-depth explorations are carried out on the planning of power system network, the construction of power facilities and corridor space, the relationship between power facilities and prime farmland and ecological protection, etc. Finally, the vector and data of power facilities are incorporated into the "one-map" management system of territorial master planning. This sectoral planning can provide support for the territorial master planning and ensure the safe supply of urban electric power and the construction of new power systems in the future.

1 | 项目背景

2019年5月，中共中央、国务院印发了《关于建立国土空间规划体系并监督实施的若干意见》，提出分级分类建立国土空间规划的规划体系、建立"多规合一"的规划编制审批体系、形成全国国土空间开发保护"一张图"等要求。电网专项规划作为重要的专项规划之一，与国土空间总体规划之间具有相互支撑的作用，电网专项规划需与国土空间总体规划同步编制，从而实现电网规划与国土空间规划的深度融合。

2019年7月，广东省电网有限责任公司印发《关于印发广东省电网专项规划（2020—2035年）工作方案的通知》，要求做好将电网规划与国土空间规划深度融合的工作。揭阳供电局于2020年7月正式启动《揭阳市国土空间电网专项规划》的编制工作，并全面开展了电网专项规划融入国土空间规划的相关工作，促进电网的高质量可持续发展，保障揭阳城市未来能源供给安全。

2 | 规划目标与技术路线

2.1 规划目标

规划目标为到2035年建成与城市建设发展要求相适应的城市电网，满足城市发展用电需求及用电质量要求，建成"绿色低碳、智能高效、坚强可靠"的绿色智能电网，实现电网与城市建设一体化融合发展，满足全市社会经济持续发展要求，确保城市电力能源安全供给。

2.2 技术路线

贯彻新时代能源转型变革下的"双碳"政策，依据自然资源部针对本轮国土空间规划的编制工作办法和空间管控要求，融合国土空间规划"五位一体"总体布局理念，贯彻"安全可靠、适度超前、容量充裕、经济合理"的规划原则，统筹电网规划和国土空间规划"两规"具体技术需求，优化高压配电网空间布局，集约土地利用，落实电力设施用地（图1）。

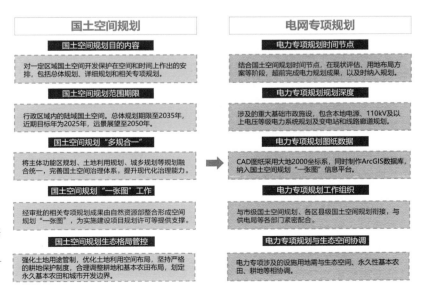

图1　揭阳市国土空间电网专项规划技术路线图
Fig.1　Technical roadmap for power grid sectoral planning of Jieyang City

3 | 电网规划方案

3.1 现状与问题

随着经济社会的持续高速发展，用电负荷快速增长，保障城市能源安全、打造坚强电网、服务地方经济社会的要求越来越迫切。由于电网相关规划编制的滞后，以及与相关规划衔接的不完善，诸多电力能源设施的落地面临着前所未有的难题，成为制约电网发展的重要因素。揭阳电网现状存在的问题主要有以下几个方面。

（1）负荷快速增长，电源及网架能力不足

揭阳市现状仅有500kV榕江变电站、揭阳变电站，主变容量共3500MVA，其中500kV榕江变既要接收靖海电厂上网电量，向惠州、广州地区输电，又要作为揭阳市的主要供电电源。随着揭阳城市未来发展，电力负荷将快速增长，现有500kV变电站容量不足以负载全市220kV变电站。现状电网建设也相对滞后，供电能力不足、供电可靠性差的问题依然较严重，揭东、揭西等县区220kV网架部分为放射式，110kV电网大多为放射式，尚未形成环网，电网可靠性有待提升。

（2）变电站布点不足，高压架空线与建设用地矛盾突出

现状部分220kV、110kV变电站仍存在过载或重载运行的情况，随着城市的开发建设，220kV及110kV变电站布点严重不足。由于揭阳市中心城区用地紧张，新增的变电站站址用地落实十分困难，同时高压电力线路作为市政基础设施，是市政设施中占用土地资源最多的设施，且高压电力走廊对城市空间格局有重大影响，揭阳市现状部分220kV及110kV高压线路与城市规划用地矛盾突出，多回高压线路穿越规划建设用地，影响后续开发建设。结合本轮国土空间总体规划，需统筹开展现有高压架空线路迁改调整，并落实规划变电站站址及高压廊道用地需求。

（3）电网现有系统网架规划，无法适应国土空间总体规划新要求

揭阳市电网现有电力系统网架规划，其规划年限至2025年，尚缺少与远景2035年国土空间规划相匹配的规划内容，且按照国土空间规划"一张图"信息管理平台建设的要求，现有揭阳市电力系统网架规划的地理接线图，不能为变电站站址及高压电力线路矢量落位提供支撑和依据。在现状电力设施坐标梳理、规划输变电工程项目选址选线、电力设施ArcGIS数据库制作以及与国土空间总体规划用地方案的衔接方面均需进一步完善。

3.2 电力需求预测

依据适度超前、充足裕度的原则，预测揭阳市全域电力最大负荷与用电量需求。根据揭阳市国土空间规划中的人口规模、用地规模，采取人均综合用电指标法、单位建设用地负荷指标法、逐年预测法分别进行预测，其中饱和负荷指标的选取，充分研究了揭阳市当地电力负荷特点，以保障当地电力能源的需求。预测揭阳市2035年全社会用电量约490亿千瓦时，全社会用电最高负荷约900万千瓦，利用小时数为5444小时。为了与"十四五"规划更好地结合，除预测远景年的电力需求外，还预测了2025年的电力负荷及用电电量。

3.3 电源规划

为实现揭阳市的绿色低碳发展，优化能源结构，规划未来在适度发展传统能源的基础上，重点发展新能源及可再生能源，增加揭阳市清洁能源装机容量。揭阳市属粤东沿海地区，风电资源条件较好，在粤东近海规划深水风电，装机容量5500MW，揭阳全市的太阳能、风能和生物质等

新能源饱和年发电装机容量达到8500MW，占总电源装机的57%。同时规划多形式清洁能源替代，如"渔光互补、农光互补、屋顶互补"发电站，不仅不占用宝贵的土地资源，还可持续推动清洁替代和电能替代，引导绿色用能。

3.4 系统网架规划

在揭阳市新型电力系统网架构建方面，根据揭阳市国土空间总体规划提出的城市发展定位、建设用地布局、开发强度等要素，考虑揭阳市各区县的发展态势，结合近远期城市建设规划，合理规划电力系统网架及输变电工程建设时序，形成了揭阳市2025年及2035年远景系统网架规划，并按远景年网架规模前置性预留变电站站址及高压线路廊道用地。为减少后续规划的频繁调整，进一步详细规划了过渡年的系统网架规划，近期系统接线进行了逐年的系统网架规划设计，以增强揭阳市电网专项规划的时效性。

4 | 亮点与特色

4.1 电网专项规划与国土空间总体规划同步开展，提高电力设施可落地性

本次电网专项规划与国土空间总体规划同步开展，规划范围、规划期限与规划深度等保持高度一致，有利于解决过去电网专项规划与城市规划不同期，电网项目落地拿不准、定不下、走不通的问题；本次电网专项规划的编制，通过与国土空间总体规划的密切衔接（图2），降低了电网规划项目前期阶段收资难度，减少协议办理环节和周期，有利于规划输变电工程统一高效办理审批程序；专项规划与空间规划同步编制，也大大降低了输变电工程建设协调难度，电网项目站址土地性质、建设条件、周边环境影响等因素更为清晰明确，减少了工程建设的不确定因素，可有效避免因外部条件变化发生颠覆性问题；国土空间规划要求政府各层级、横向各部门高度协同，总体规划与各专项规划之间协调一致，通过同步编制工作，也打通了电源与电网规划之间的行政壁垒，助力揭阳市源网荷储的协调发展。

4.2 电网数据纳入"一张图"信息平台，便于后续管理审批

有别于传统的电网专项规划，本轮国土空间规划提出多规合一、全域覆盖、全要素管控，需将各类相关专项规划叠加到统一的国土空间基础信息平台上，形成市县全域"一张图"和一个平台。本次电网专项规划开展了数据化的工作，规划最终成果形成ArcGIS数据库和AutoCAD图纸两套矢量成果，其中ArcGIS成果用于纳入揭阳市国土空间规划多规合一的"一张图"信息管理平台，以便后续政府对建设项目的统一管理与审批，AutoCAD图纸成果则提供揭阳市供电局，便于其后期对近远期

图2 电网专项规划与国土空间总体规划对接讨论会现场
Fig.2 Discussion on the alignment of power grid planning with territorial and spatial planning

项目的管理与使用。

4.3 高度重视永久基本农田和生态红线的保护，节约集约利用土地

本次电网专项规划在电力设施选址选线方面，首先是高度重视永久基本农田的保护，规划站址选择均避开划定的永久基本农田；其次是高度注重生态红线保护，综合考虑揭阳城市用电需求、电网项目用地特点、生态敏感性等因素，综合研判项目选址的合理性、科学性和可行性，且选址选线均确定了输变电工程项目的具体坐标。在确定变电站用地规模时，严格执行了南方电网的典型设计用地标准，节约集约用地。在电力廊道选线时，提出了电力廊道综合利用的方式，使电网规划与国土空间规划相适应，达到经济合理的目的，如电力走廊位于居住用地周边时加以利用为开放空间，如游步道、自行车道等慢行系统、分区分片的湿地、运动场地、网球场等。

5 | 结语

本次专项规划工作形式采用了于揭阳市自然资源局及揭阳市供电局两地轮流驻场办公的形式，并与负责输变电工程预可研工作的广东省电力设计院相互配合。在工作时间节点上，按照揭阳市国土空间总体规划不同节点的编制内容和进度以及揭阳市供电局的要求，优先完成了新型电力系统设施空间布局成果，全过程与揭阳市自然资源局、揭阳市供电局、各区县供电局等密切对接，并根据揭阳市国土空间总体规划的用地规划成果，进行动态更新与调整，最终揭阳市国土空间电网专项成果正式报送了揭阳市自然资源局，既得到了揭阳市供电局的高度认可，又有力支撑了揭阳市国土空间总体规划。

在当前以清洁低碳为导向的新一轮能源革命背景下，实现碳达峰碳中和的路径，电力能源是核心，电力设施作为重大基础设施和能源绿色低碳转型的重要载体，在市政设施中占用土地资源最多，且高等级电力廊道对城市空间格局也有着重要影响。各层级国土空间总体规划在编制时，均应同步启动对应层级的电网专项规划编制工作，统筹解决站址线路准确落位等问题，有力支撑国土空间规划的城市空间格局，集约节约布局电力设施用地，同时推进城市能源结构转型，助力城市低碳绿色发展。